Werner Gross

… aber nicht um jeden Preis

Werner Gross

... aber nicht um jeden Preis

Karriere und Lebensglück

KREUZ

Für die Mitarbeit an dem Buch bedanke ich mich herzlich bei Andreas Goshöfer-Neubert und Ute Kallenbach, die mir an vielen Stellen weitergeholfen haben, wenn die Arbeit am Buch mal wieder stockte, und Vorlagen für ganze Textpassagen eingebracht haben.

© KREUZ VERLAG
in der Verlag Herder GmbH, Freiburg im Breisgau 2010
Alle Rechte vorbehalten
www.kreuz-verlag.de

Satz: de·te·pe, Aalen
Herstellung: fgb · freiburger graphische betriebe
www.fgb.de

Gedruckt auf umweltfreundlichem, chlorfrei gebleichtem Papier
Printed in Germany

ISBN 978-3-7831-3436-0

Inhalt

Prolog:
»Work-Life-Balance« oder:
Die Kosten des beruflichen
Erfolgs

»Ob es besser wird,
wenn es anders wird,
weiß ich nicht.
Dass es aber anders werden muss,
wenn es besser werden soll,
weiß ich.«
Georg Christoph Lichtenberg

Die internationalisierte Wirtschaft und das globalisierte Arbeitsleben stellen sich derzeit dar, als wäre im Wilden Westen eine riesige Herde Bisons in Bewegung geraten und donnerte jetzt außer Rand und Band durch die Prärie. Wer sich ihr entgegenstellt, nicht in der richtigen Geschwindigkeit mitstürmt oder keine Nische findet, in die er sich flüchten kann, wird überrollt. Und das trifft für Manager genauso zu wie für Verwaltungsangestellte, Lehrer, Erzieher, Banker und Handwerker.

Wer bremst, verliert

Konkret heißt das: In Zeiten von Globalisierung, Umstrukturierung, Effizienzorientierung und vor allem Krise nahm und nimmt die Geschwindigkeit in fast allen Berufsfeldern zu – und damit der Arbeitsstress. 60 Arbeitsstunden pro Woche sind nicht mehr die Ausnahme und auf manchen Karrierestufen die Regel.

Die Folge: Der Kampf um den angenehmen und gut bezahlten Job wird immer härter, die Konkurrenz immer
größer. Je nach Unternehmenskultur wird in einem Betrieb mit offenem Visier rivalisiert – zum Teil bis aufs
Messer –, während in der Firma nebenan Fußangeln ausgelegt, Fallen gestellt werden und mit Häme reagiert wird,
wenn einer durch die Falltür zwei Stockwerke nach unten
saust. Das Ergebnis: Die Halbwertzeit der Berufspositio-
nen wird immer kürzer. So werden aus Berufen »Jobs«.
Kurz getaktete »Lebensabschnittjobs« werden die Regel
und die Fluktuation wird immer höher.

»Multi-Jobber« und globales Roulette

Wer heute einen Job hat, klebt aus Angst vor Arbeitslosigkeit daran – selbst wenn er gar nicht damit zufrieden
ist. Und das ist besonders schlimm für Berufseinsteiger, die
es immer schwerer haben, einen Zugang zur Berufswelt zu
finden – egal, ob sie eine Lehre hinter sich haben oder ein
Studium. Aus lauter Verzweiflung reihen die Einsteiger
mies bezahltes Praktikum an mies bezahltes Praktikum
(wenn überhaupt dafür Geld bezahlt wird), einfach um
Berufserfahrung vorweisen zu können. So werden sie zu
»Multi-Jobbern«, die flexibel auf jedes Angebot reagieren.
»Man kriegt den Fuß nur irgendwo rein, wenn man erst
mal die Lakaienarbeit macht«, sagt ein 38-jähriger Archi-
tekt und Stadtplaner, der – weil er im erlernten Beruf nicht
genug verdiente – seit über elf Jahren bei IKEA jobbt.
Heute wird zudem weltweit verglichen. In Zeiten der
Globalisierung steht ein deutscher Ingenieur im Vergleich
mit einem Polen, einem Ukrainer, einem Inder oder einem
Chinesen. Und wenn ein chinesischer Ingenieur im Monat
nur 300 Euro verdient, verdient der deutsche mehr als
das zehnfache. Ist der Deutsche auch zehnmal so gut? So
effektiv, einsatzbereit, ideenreich, mobil und flexibel?

Die Devise in der Wirtschaft heißt längst nicht mehr »going global«, sondern »being global«. Und die Globalisierung wird unaufhörlich perfektioniert. Und mit der Arbeitsgeschwindigkeit rast die Lebensgeschwindigkeit. Und immer höhere Geschwindigkeiten haben einen ständig größer werdenden Einfluss auf unser alltägliches Leben – auf das Berufsleben und das Privatleben.

Wer schneller lebt, ist früher fertig

Unter den Managern, dem Personal auf den Führungsebenen und den höheren Angestellten, aber längst auch unter den mittleren Angestellten und ohnehin unter den Selbstständigen und all den Menschen, die pflegend oder pädagogisch tätig sind, ist eine stetige Zunahme seelischer und psychosomatischer Erkrankungen zu verzeichnen: Nicht nur die als »Managerkrankheiten« schöngeredeten Herz-Kreislaufprobleme, die Magenschleimhautentzündungen und vegetativen Dystonien, sondern auch die schwereren psychosomatischen Krankheiten, die Herzinfarkte und Nervenzusammenbrüche nehmen zu. Außerdem steigen seelische Erkrankungen wie Depressionen, Ängste und Suchterkrankungen. Das Thema »Burnout« ist wieder in aller Munde.

Können wir überhaupt noch eine haltbare Work-Life-Balance erreichen?

Keiner weiß, wo die Entwicklung hingeht und wo wir – wenn es so weitergeht – landen werden. Das Einzige, was wir wissen, ist: Die Effizienzoptimierungen weiten sich aus, die Geschwindigkeit und die Arbeitsanforderungen nehmen immer weiter zu.

Aber wo ist die Grenze? Wie viel können wir, kann unser Körper, kann unsere Psyche ertragen? Wann ist das Maß voll – bei diesem globalen Feldexperiment am Menschen?

Karrierekrisen und Arbeitsstress

Es grassiert die Angst. Nicht nur die hochbegehrten Karrierejobs, auch die ganz normalen Arbeitsplätze sind inzwischen auf dem Prüfstand – vom Angestellten, über die Verkäuferin und dem Handwerker bis hin zum Manager. Jeder sieht sich steigenden Arbeitsanforderungen gegenüber, und wer kann noch annehmen, dass sein Job sicher ist?

Da immer weniger Menschen immer mehr Arbeit leisten müssen, nehmen die seelischen und körperlichen Belastungen in vielen Betrieben zu. Die Mitarbeiter fühlen sich chronisch überfordert, demotiviert, einseitig beansprucht und zeigen die oben genannten psychischen und psychosomatischen Beschwerden. Das erinnert an ein amerikanisches Sprichwort *»If you can't stand the heat, stay out of the kitchen«* – »Wenn du die Hitze nicht aushalten kannst, halt dich raus aus der Küche«. Die Frage ist nur, wo gibt es noch Plätze außerhalb der Küche, bei denen man ein ausreichendes Einkommen erwirtschaften kann?

Nur wenige erleben diese wirtschaftlichen Umbruchzeiten, in denen wir uns derzeit befinden, denn auch als Chance. Viele Karrieren geraten ins Trudeln: Wirtschaftskrisen sind eben auch fast immer Karrierekrisen. Die Zeiten sind unsicherer denn je.

Längst ist die Zeit vorbei, wo man im Crash-Kurs die Karriereleiter hinaufhechten konnte. Im Gegenteil: Mancher, der sich schon sicher im siebten Karrierehimmel wähnte, knallt ziemlich unsanft auf den harten Boden der Arbeitslosigkeit. Und noch viel mehr Menschen haben Angst nicht nur vor diesem Schicksal, sondern auch vor der Zunahme von Arbeitsstress, der härter werdenden Konkurrenz und nicht zuletzt den körperlichen und psychischen Karriereleiden. Schließlich: Wer kann es sich heute noch leisten, nicht erfolgreich zu sein?

Die seelischen Kosten der Karriere

Vor über 20 Jahre begann ich, mich mit dem Thema »Seelische Kosten der Karriere« zu beschäftigen. Damals war das noch ein Exotenthema, mit dem sich kaum jemand auskannte. Mein Zugang war ursprünglich die Beschäftigung mit dem Thema »Arbeitssucht«.[1] Dann merkte ich bei meiner psychotherapeutischen Arbeit am Psychologischen Forum Offenbach (PFO) mit vielen Berufstätigen aus allen Hierarchieebenen, vor allem aber mit Führungskräften, dass viele der Probleme von so genannten Workaholics mit dem Begriff Arbeitssucht viel zu eng gefasst sind, und ich suchte nach einem neuen Begriff, der die Probleme der »High performer« und der »Portfolio-Virtuosen« am besten beschreiben würde. So kam ich zu der Formulierung »Seelische Kosten der Karriere«.

Für den Berufsverband Deutscher Psychologen (BDP) führte ich Ende der 1990er Jahre mehrere große Tagungen zu dem Thema durch.[2] Damals war das Ziel, dem Phänomen, dass man für seine berufliche Karriere auch körperlich und psychisch zahlt, überhaupt zu öffentlicher Aufmerksamkeit zu verhelfen.

Längst ist das Thema allgemein akzeptiert. Heute geht es vor allem darum, wie man die seelischen Kosten des hohen Einsatzes für den Beruf und womöglich für den Aufstieg vermeiden oder wenigstens minimieren kann. Genauso wichtig: Wie kann man Karriere und Arbeitsalltag so gestalten, dass man diesen Weg nicht nur durchsteht und Geld verdient, sondern auch noch *Spaß* daran hat und einen *Sinn* darin sieht?

»Smart Career«:
Die Kunst, einen schweren Job leicht zu nehmen

Dieses Buch handelt letztlich von dem Verständnis, dass eine gesunde und langfristig erfolgreiche berufliche Karriere *kein Sprint* ist, sondern ein *Marathon*. Man muss seine Kräfte gut einteilen, um langfristig Karriere zu machen. Ob als Führungskraft oder Selbstständiger, als Angestellter oder Lehrer: Das Ziel ist der *langfristig gelingende berufliche Weg – derjenige, der sich in guter Balance verbindet mit dem Leben außerhalb der Firma.*

Was kann man tun, um die seelischen Kosten zu minimieren? Wo kann man etwas verändern? Wo muss man sich entscheiden, ob man weiter mitmachen will? Finden Sie den zu Ihnen persönlich passenden Weg, Ihre Balance. Dazu möchte ich Sie auf den nächsten Seiten begleiten.

Werner Gross

1. Karriere und Lebensglück: Die Janusköpfigkeit der beruflichen Entwicklung

»Die Arbeit läuft dir nicht davon,
wenn du deinem Kind den Regenbogen
zeigst.
Aber der Regenbogen wartet nicht,
bis du mit der Arbeit fertig bist.«
Chinesisches Sprichwort

Ihr Ziel ist eine gelingende berufliche Entwicklung, eine Karriere, in der Sie nicht nur überleben, sondern auch in einer zu Ihnen passenden »Work-Life-Balance« leben können. Auch wenn heute berufliche Entscheidungen längst keine Entscheidungen mit Ewigkeitswert mehr sind (schließlich werden die Jüngeren unter uns im Laufe ihres Lebens drei bis fünf verschiedene Jobs machen), so sind sie immer auch zweischneidig. Wir sollten nicht nur am Anfang, sondern immer wieder genau hinschauen: Passt das (noch) zu mir?

Viel erlebt – nix kapiert?

Vielleicht merkt man erst in ein paar Jahren, wenn man Praktikum an Praktikum, Job an Job hinter sich hat, was man mit seinem Leben und seiner Zeit veranstaltet hat. Man hat vielleicht unterschiedlichste Berufsfelder kennen gelernt, ist in der Welt herumgekommen, hat mit vielen unterschiedlichen Menschen zu tun gehabt – aber war es das eigentlich, was ich wollte? Das, was mir gut getan hat? War ich nur ein Blatt im Wind, das von den Trends der Berufswelt und den zufälligen Chancen, die sich auftaten, hin- und hergeweht wurde? Oder habe ich mir vorher überlegt, was ich eigentlich mit meinem Leben wollte, und dieses Ziel wie einen Leitstern immer wieder anvisiert und mich gefragt, bin ich eigentlich noch auf dem richtigen Weg? Habe ich vielleicht viel erlebt, aber wenig kapiert?

Wer nicht zum Himmel schaut, sieht es nicht, wenn Wolken aufziehen

Ein – nicht untypischer – Fall aus meiner Arbeit am Psychologischen Forum Offenbach (PFO):

Ganz aufgeregt ruft mich vor einiger Zeit ein 32-jähriger Mann an: Er berichtet, dass er plötzlich Angstzustände bekommen habe und nicht mehr arbeiten gehen könne. Er ist Abteilungsleiter in einem großen Chemieunternehmen und gilt als »High potential«, dem man bis dahin eine großartige Karriere vorausgesagt hatte.

Und wirklich – bis dahin war seine Karriere ungebrochen. »Straight to the top« war seine Devise. Schnelle Beförderungen, Auslandsaufenthalte, »Benefits« jeder Art. Krisen war er nicht gewohnt. Auch die aktuelle Krise hatte ganz unscheinbar angefangen: Auf dem Rückflug von seinem Tauchurlaub auf den Seychellen sagte er zu seiner Partnerin: »Ich habe überhaupt keine Lust, wieder zu arbeiten. Am liebsten würde ich noch eine Woche krankmachen«. Er dachte sich nichts dabei.

Erst als er drei Tage später mitten in der Nacht mit Panikattacken, Herzrasen und Schweißausbrüchen aufwacht, anfangs unruhig in der Wohnung auf und ab läuft und später so massive Beklemmungen bekommt, dass er an die frische Luft muss, fällt ihm der Satz aus dem Flugzeug wieder ein: »Am liebsten eine Woche krankmachen.«

Die Situation ist in dieser Nacht so dramatisch, dass seine Partnerin den Notarzt rufen muss. Der stellt allerdings keine körperlichen Ursachen fest, sondern nur seelische. Die allerdings sind so massiv, dass der Betroffene das Gefühl des Kontrollverlustes über sein Leben hat. Er sieht seine gesamte Karriere, seinen zentralen Lebensinhalt, zusammenbrechen.

Die Panikattacken wiederholen sich, später auch am Arbeitsplatz. Er lässt sich ein paar Mal krankschreiben und kommt nach einer fast sechsmonatigen Odyssee durch diverse Arztpraxen zu mir ins PFO.

Man kann sagen: Weil der Klient selbst keine Grenzen setzt, haben sich seine Psyche und sein Körper verweigert und die Notbremse gezogen.

An dieser Stelle möchte ich nicht viel über den Hintergrund der Ängste des Patienten sagen. Sicher hat der Horror vor der Rückkehr zum Arbeitsplatz damit zu tun, dass das Unternehmen sich in einem permanenten Umstrukturierungsprozess befindet (wie derzeit viele Firmen) bei dem, neben der sowieso schon übermäßigen Arbeitsbelastung, Sitzung auf Sitzung, Beratung auf Beratung, Konferenz auf Konferenz stattfindet. Und der Klient hatte das Gefühl: *»Ich muss zurück in diese Mühle, die mich langsam immer kleiner mahlt.«*

Diese Geschichte ist durchaus kein Einzelfall. Sie begegnet mir im Coaching, in der Supervision oder in der Psychotherapie am PFO immer wieder – wenn auch mit unterschiedlichen Symptomen: Mal steht eine Depression im Vordergrund, mal Ängste, mal eine psychosomatische Krankheit, und mitunter ist es auch das, was man im allgemeinen Sprachgebrauch einen »Nervenzusammenbruch« nennt.

Und es trifft auch nicht nur »High potentials«: Schließlich bemisst sich beruflicher Erfolg nicht nur am Einkommen; die Arbeit, die Haupttätigkeit, mit der wir unseren Alltag strukturieren, ist nun mal eine wichtige Säule der Identität. Denn mindestens genauso wichtig wie der materielle äußere Erfolg im Berufsleben ist die innere Zufriedenheit mit der beruflichen Tätigkeit essenziell für ein gelungenes Leben. Nicht nur am Anfang des Weges, sondern immer wieder sollten wir uns fragen: »Was habe ich mir davon versprochen? Und was habe ich davon?«

Was man davon hat:
Erfolg, Geld, Macht, Herausforderung,
Ehre, Glück ... !?

Benefits: Die Sonnenseiten des beruflichen Erfolges

Keiner wird über die positive Seite der Karriere streiten: Gehälter, die im sechsstelligen Euro-Bereich oszillieren, Prestige und Ansehen, das mehr oder weniger dezent seinen Niederschlag findet in großzügigen Büros, dem gestylten Loft in einer besseren Wohngegend, den guten Plätzen in den richtigen Restaurants, den exklusiven Urlauben und der angemessenen Art von gepflegtem Chaos. Und dann gibt es da diese manchmal nervöse, manchmal selbstsichere Gelassenheit, die den Erfolg mehr oder weniger gelungen in das Mäntelchen des Normalen, des Gewöhnlichen kleidet.

Allerdings – geschenkt bekommt man nichts auf der Karriereleiter. Und bis man erst mal auf der richtigen Ebene ist, kostet das viel Mühe. Dann wird in diesen Kreisen nicht so gern von »Macht« gesprochen, eher von »Gestaltungsmöglichkeiten« und »Verantwortung«. Der Erfolg wird erst dann – manchmal – zum Selbstläufer, wenn man auf der Erfolgsschiene gelandet ist. Allerdings bedarf es jeder Menge Schweiß und Selbstdisziplin, um das Erreichte halten zu können. Mitunter entsteht dann ein regelrechter Zwang zum Fleiß.

Allerdings, was da so schön im goldenen Licht des Erfolges und in den Augen der Sieger glänzt (oder auch nur in den Fantasien der anderen), hat auch ein paar Schattenseiten. Schließlich: *Neid muss man sich erarbeiten, Mitleid gibt's umsonst.* Vor allem, wenn man bedenkt, dass Neid die ehrlichste Form der Anerkennung ist.

Managergehälter: Verdienen sie, was sie verdienen?

Seit 2008 und vor allem seit Beginn der Weltwirtschaftskrise ist die Diskussion um die Managergehälter mal wieder in Gang gekommen: Verdienen sie eigentlich, was sie
verdienen? Ist es gerechtfertigt, dass sie – auch bei Misserfolgen, Pleiten, Pech und Pannen – auch noch zig Millionen Abfindungen kassieren? Wie steht es um ihre soziale
Verantwortung: Wird massiver Stellenabbau auch noch
mit Gehaltszulagen und Boni belohnt?

Hier fernab von politischen Diskussionen einige Zahlen: Die Skala der Einkünfte der DAX-Vorstandsvorsit-
zenden reichte 2007 von 14,3 bis 1,7 Millionen Euro – mit
dem Vorstandssprecher der Deutschen Bank, Josef Ackermann, als Top-Verdiener unter den Vorständen der deutschen DAX-Unternehmen.

Insgesamt stiegen die Gehälter der 4300 wichtigsten
deutschen Vorstände und Top-Manager im Jahr 2007 noch
mal um 17,5 Prozent auf durchschnittlich über 5 Millionen Euro jährlich. Im Vergleich zum Jahr 2003 stieg das
Durchschnittsgehalt der Top-Manager sogar um zwei
Drittel. Dabei verdienten die Vorstände der Dax-Kon-
zerne 23,3 Prozent mehr als vor einem Jahr, leitende Angestellte von Unternehmen aus dem Tec-DAX bekamen
sogar 50 Prozent mehr.

Ein einfacher Arbeitnehmer hatte im Gegensatz dazu
nur drei Prozent mehr in der Tasche – maximal. Diese Diskrepanz birgt jede Menge Sprengstoff – vor allem, wenn
das Thema verbunden wird mit der Diskussion um die
kontinuierliche Austrocknung des Mittelstandes und das
Auseinanderfallen der Gesellschaft in Arme und Reiche.

So war das Thema Manager-Gehälter 2008 der große
Aufreger: Im Bundestag wurde heftig darüber diskutiert,
und selbst Bundespräsident Horst Köhler geißelte »über-
triebene Managergehälter« und mischte sich damit in die

hitzige Debatte um die Bonuszulagen und Gehälter für Top-Manager ein. Bei der Deutschen Bank wurde 2008 bei den Top-Gehältern auf die Boni verzichtet; Josef Ackermann kassierte 90 Prozent weniger als im Vorjahr – doch immer noch weit über 1 Million Euro.

Gleichzeitig war und ist die Öffentlichkeit immer häufiger mit Nachrichten über Bagatellkündigungen befasst.

Karriere wie, Karriere wo? – Berufsmoden und ihre Zeitabhängigkeit

Was bringt die Zukunft? – Wohin driften die Karrieren im zweiten Jahrzehnt des neuen Jahrtausends? Was davon wird in der Zukunft ähnlich sein? Und was ganz anders? Für die Zukunft lernt man am besten, wenn man die Vergangenheit kennt. Deshalb ein kurzer Blick zurück.

Karrieren sind in einem hohen Maße zeitabhängig und Moden unterworfen: Wer im wilhelminischen Kaiserreich Anfang des 20. Jahrhunderts etwas werden wollte, ging zum Militär. Angesagte Berufswünsche damals: Offizier – Hauptmann, Oberst, General. Und es war wichtig, einer studentischen Verbindung anzugehören – am besten einer schlagenden. Und wenn schon Studium, dann Jura.

Nach der Nazizeit wollte man davon nichts mehr wissen: Weil Militär und Staat diskreditiert waren, flüchtete man ins Zivilleben, krempelte die Ärmel hoch und baute aus den Kriegstrümmern die Bundesrepublik auf. Im hart erarbeiteten »Wirtschaftswunder« der 50er- und 60er-Jahre war erfolgreich, wer nach dem Gymnasium diszipliniert Jura studierte oder Ingenieur- und Wirtschaftswissenschaften.

In den 70er Jahren konnte man, angesichts einer brummenden Wirtschaft, fast studieren, was man wollte. Weil die Wirtschaft brummte, wurde jeder halbwegs qualifizierte Bewerber eingestellt – regelmäßig steigendes Gehalt

und sorglose Euphorie, dass es immer so weitergeht, inklusive. Hauptsache, man war einigermaßen wirtschafts-
freundlich und loyal seinem Arbeitgeber gegenüber, und
schon stand einer steilen Karriere in Wirtschaft, Industrie
oder Bankwesen nichts im Wege.

Diese Himmelsstürmerkarrieren platzten zum ersten
Mal, als Ende 1973 die OPEC den ersten Ölschock aus-
löste: Die Sorglosigkeit war vorbei. Aus dem Wirtschaftswunder war innerhalb von ein paar Jahren ein kaum mehr
zu bezahlender »Wohlfahrtsstaat« geworden.

Und für karriereorientierte junge Leute bedeutete das:
Unternehmen stellten kaum mehr ein, selbst der Staat zog
die Notbremse.

Betroffen waren vor allem Studenten, die so genannte
»Neigungsfächer« studiert hatten, ohne auf die späteren
Berufschancen zu schielen: Das galt vor allem für Geistes-
und Sozialwissenschaftler (Soziologie, Philosophie, Päda-
gogik ...), die von den Unis wie am Fließband ausge-
spuckt wurden. Ihr bis heute geltendes Stigma: Studieren
für die Arbeitslosigkeit. Der Sponti-Spruch: »*Wenn schon
arbeitslos, dann wenigstens in einem Beruf, der Spaß
macht*«, ist vor allem auf sie gemünzt.

Das ändert sich in den 80ern: Bei immer mehr Studies
gilt es nicht mehr als abwegig, zu studieren, was einen guten Job und gutes Geld verspricht. So geht in dieser Zeit
der Trend dahin, etwas Einträgliches zu studieren. Insbesondere Medizin oder Zahnmedizin sind angesagt. Dank
unseres Gesundheitssystems werden Ärzten aller Art in
dieser Zeit hervorragende Karrierechancen prognostiziert.

Aber auch in anderen Berufsfeldern tritt der Nützlich-
keitsgedanke mehr und mehr in den Vordergrund: Utilita-
rismus wird schick. So beginnt auf einmal der Kaufmanns-
beruf zum Inbegriff des Zweckmäßigen zu werden und
damit auch ein Fach, das lange ein Schattendasein an den
Unis führte: Betriebswirtschaft. BWL, am besten noch in

der Kombination mit einer Banklehre, wird zum angesagten Studium.

MBA (Master of Business Administration) vorzugsweise an einer renommierten Privathochschule, Teilnahme an Trainee- und Fellow-Programmen in einer der internationalen Beratungsfirmen wie »Pricewaterhouse Coopers«, »Ernst & Young«, »KPMG« oder in noblen Unternehmensberatungs-Kaderschmieden wie »McKinsey« und »Roland Berger« sind Insignien der Trendsetter in den 90ern.

Dieser Trend ist mittlerweile auch wieder überholt – es gibt zu viele, eher mittelmäßige Nachahmer der bekannten Business-Schools, die Beratungsfirmen verschlanken ihrerseits. Der Druck wächst – wenn man noch eine Anstellung bekommt, dann als Praktikant oder Trainee mit wenig Chancen, an die wirklich lukrativen Jobs zu kommen.

Und auch der medizinische Karriereweg – in den 80ern galt Medizin noch als Topstudium – wird für viele immer beschwerlicher. Langes, schlecht bezahltes Schuften als AiPler in Kliniken und sinkende Einkommen vor dem Hintergrund der Gesundheitsreformen schrecken immer mehr Berufseinsteiger ab. Im Deutschen Ärzteblatt wurde unlängst veröffentlicht, dass mehr als ein Drittel mit dem Gedanken spielen, ihre Praxis ganz aufzugeben, weitere 12 Prozent wollen ihre Kassenzulassung zurückgeben und 37 Prozent würden heute eine andere Berufsentscheidung treffen. Der Hintergrund: Mehr als ein Viertel der Ärzte ist Burnout-gefährdet. Und auch die wochenlangen Ärzte-Proteste 2007 und 2008 zeigen: Was früher einmal als der angesehenste Beruf überhaupt galt, ist heute nicht mehr angesagt, und die Studentenzahlen stagnieren – sodass man in den nächsten Jahren schon wieder mit einem Ärztemangel rechnet.

Upgrade yourself

Und heute? Heute fehlt *die* Mode(ll)karriere, eingedenk dessen, dass es kaum ein Studienfach gibt, das einen dauerhaften Job garantiert. Herausfinden, wo ich wirklich gut bin, was meine USP (unique selling proposition), meine »Exzellenz« ausmacht, und wozu ich auch langfristig Lust habe, ist wichtiger als die Wahl irgendeines Modestudiums oder Modeberufs. Anscheinend wird zukünftig der Berufsbereich, in dem man tätig sein möchte, für viele immer stärker austauschbar – ob im Management von Banken oder Versicherungen oder als Ingenieur in der produzierenden Wirtschaft. Ob ich meinen Idealismus bei »Greenpeace« leben möchte oder als »Start-up« mit eigenem Unternehmen – immer mehr werden folgende Fragen im Vordergrund stehen:

- Was sind meine fünf wichtigsten Stärken, was meine Schwächen?
- Was sind meine wirklichen Ziele?
- Geht das, was ich aktuell plane oder tue, in die richtige Richtung? Ist es wirklich »mein Ding«?
- Passt es zu mir – auch langfristig – oder ist es nur ein Durchgangsstadium?
- Stimmt es für diese Phase meines Lebens? Komme ich dahin, wohin ich will?
- Und: Tut es mir gut? Stimmt die Work-Life-Balance?

Zum Nachdenken

- Erfolgreich und sinnvoll ist nicht das Gleiche.
- Werde der du bist, dann kannst du sein, wer du willst.
- Tu, was du kannst, mit dem, was du hast, dann kannst du erreichen, was du willst – solange es zu dir passt.
- Wer nach oben will, muss Ballast abwerfen.

Bedenkenswerte Fragen

- Wie sollten Sie Zeit zum Vordenken haben, wenn Sie sich nicht einmal Zeit zum Nachdenken nehmen?
- Worauf freuen Sie sich heute?
- Was sind Ihre »Frustschutzmittel«?

Die Mühen des Aufstiegs oder: Was es bedeutet, sich nach oben zu boxen

Hans P. ist mit 33 Jahren Abteilungsleiter der Vermögensverwaltung einer Bank. Ihm scheint der berufliche Erfolg nur so zuzufliegen. Innerhalb von zweieinhalb Jahren schaffte er – gerade von einem lockeren Assistentenjob an einer Auslandsuni kommend – den Sprung auf die Ebene direkt unterhalb der Geschäftsleitung. Er hat, wie es in diesen Kreisen heißt, »a lot of potential«, jede Menge Potential.

>*Die größte Umstellung ganz am Anfang war sicherlich die Kleidung. Ich hatte bis zum Alter von 30, 31, außer zu meiner Examensprüfung nie einen Anzug getragen. Und auf einmal musste ich mir da jeden Morgen einen Knoten um den Hals machen. Das war schon mal eine bittere Pille, eine unangenehme Erfahrung.«*

Am Anfang ließ man Hans erst mal Raum, sich in der Bank einzufinden, sich zu akklimatisieren. Aber natürlich blieb es nicht dabei. So einfach verdienen sich die Hunderttausende dann doch nicht. Hans hat bald durch die ersten Erfolge Blut geleckt. Er ist fasziniert von der Tätigkeit. Die Psychologen würden sagen, er ist »intrinsisch« motiviert, das heißt er macht es nicht nur wegen der äußeren Belohnung, sondern brennt innerlich für seinen Job.

>*Man hat mir nicht nur Aufgaben gegeben, sondern ich habe mich sozusagen selbst in die Position reingebracht, eben Aufgaben zu übernehmen, wo sie noch gar nicht vergeben worden waren. Ich hab dann morgens früh angefangen, bin abends länger geblieben und fast im*

> mer am Wochenende in der Bank gewesen. Ganz
> schnell ging das. Das war gerade mal zwei Monate,
> nachdem ich angefangen hab. Da war das eigentlich
> schon üblich geworden dann.«

Hans ist von dem gemächlichen Freiraum, den er anfangs
hatte, heute Lichtjahre entfernt. Inzwischen kommt Hans
locker auf 70 bis 80 Stunden Arbeitszeit pro Woche, mitunter auch mehr. Er hat vor allem die Fähigkeit entwickelt, sich von seinem Job gebrauchen zu lassen.

Der Stress hat ihn inzwischen voll im Griff. Nachdem
der »Karriere-Honeymoon« der ersten Wochen vorbei
war, hat man ihn erst mal richtig in die Stiefel gestellt. Und
nachdem er sich auch in massiven Leistungsdrucksituatio-
nen bewährt hat und nicht eingeknickt ist, hat man ihn
ganz schnell zum Abteilungsleiter von gleich zwei Res-
sorts gemacht. Seitdem muss er sich über fehlende Arbeitsbelastung und sozialen Stress nicht mehr beklagen:

> »Das sind Leute, die sich nicht über ihren Intelligenz-
> quotienten definieren. In dieser Abteilung ist es so, die
> Leute messen sich an monetären, an finanziellen Maß-
> stäben, an dem, was sie sich rausnehmen können, daran,
> wie sie sich wem gegenüber verhalten, wie sie wem
> gegenüber erscheinen, an all solchen Dingen. Eine völ-
> lige Umkehr. Dort ist jeder Tag so, dass ich weiß, dass die
> Abteilung auf meinen Fehler hofft, auf meinen ersten
> größeren Fehler. Das ist ein Haifischbecken, ganz klar.«

Ganz klar, dass man sich in so einem Haifischbecken gut
anziehen muss, um sich zu schützen:

> »Das geht bis zur absoluten Selbstverleugnung. Ich
> glaube, sagen zu können, wenn ich morgens meinen
> Anzug anziehe, wechsele ich die Identität. Ich hab

> *wirklich das Gefühl, dass der Gesichtsausdruck dann*
> *anders ist und meine Mimik anders wird. Ich weiß es*
> *nicht genau, aber ich hab das Gefühl, dass ich dann*
> *vom, na ja, einigermaßen gemütlichen Menschen, dann*
> *zu dem werde, der ich in der Bank bin.«*

Inzwischen ist Hans mehr oder weniger klar, was er da eigentlich tut, und er hat eine ironische Distanz, eine fast
zynische Grundhaltung dazu entwickelt:

> *»Ich mach meinen Job dort und mach den sehr konzen-*
> *triert und mit großem Engagement. Ich gehe nicht*
> *morgens dahin, dass ich da Angst davor hätte oder so …*
> *Ich arbeite jetzt in der Vermögensverwaltung und*
> *mache da Tätigkeiten und weiß, dass sie vielleicht sinn-*
> *los sind, letzten Endes, oder gar verwerflich, wenn ich*
> *das genau betrachte. Ich mache vielleicht reiche Institu-*
> *tionen noch reicher, ich mache reiche Leute noch reicher.*
> *Ich rede sehr viel … Ich habe mit Vorständen von*
> *Unternehmungen zu tun, die uns Geld zur Anlage ge-*
> *ben, und erzähl denen dann, wie ich die Welt politisch,*
> *wirtschaftlich zurzeit sehe, wie ich die Entwicklung ein-*
> *schätze. Und ich weiß ganz genau, ich könnte auch ge-*
> *nauso das Gegenteil erzählen. Die Argumentation wäre*
> *genauso stringent. Das ist eigentlich ein Spiel …*
> *Ich kenne die Argumente, ich weiß, wie man sie an-*
> *einander reihen muss, um ein bestimmtes Ergebnis zu*
> *produzieren, und das ist eigentlich ein viel größeres*
> *Überlegenheitsgefühl. Es ist viel spaßiger, viel interes-*
> *santer, zu gucken, für wen produziere ich welches Er-*
> *gebnis. Daraus ziehe ich letztlich meinen Vorteil.«*

Warum glaubt Hans eigentlich, dass er so erfolgreich ist?

»*Irgendwann habe ich gemerkt, worauf es ankommt: Wer muss sehen, was ich tue. Ich weiß genau, bei wem ich welches Bild von mir und der Situation hervorrufen muss, um welches Ergebnis und welchen Erfolg zu haben.*

Es gibt eben eine Reihe von Personen und Gremien, die auf den ersten Blick nicht unbedingt so scheinen, als ob sie wichtig wären – und es genau deshalb sind. Wenn man diese Personen und Gremien für sich einzunehmen weiß, kommt der Erfolg automatisch …

Und das Einzige, warum viele meiner Kollegen eben nicht diesen Erfolg haben, ist, dass sie zum einen diese Leute und Gremien nicht kennen, nicht wissen, wer alles dazugehört und wer die »Einflüsterer« sind, auf die dort gehört wird. Obwohl sie die Arbeit vielleicht besser machen, fleißiger sind und vielleicht auch intelligenter als ich, kennen sie die wirklichen Spielregeln nicht, nach denen gespielt wird. Sie wissen nicht, welches Verhaltensmuster notwendig ist, um in der Unternehmung wirklich den Erfolg zu haben.«

Mit anderen Worten: Wenn man Karriere in großen und/oder renommierten Firmen und Institutionen machen will, muss man über den Tellerrand des funktionierenden Sachbearbeiters hinausschauen und Folgendes bedenken: Soziale Intelligenz, ein gutes Selbstmarketing und eine gehörige Portion machiavellistisches Machtstreben, verbunden mit unverfrorener Chuzpe, einer klaren Zielorientierung und einem Hauch von jugendlichem Charisma, sind wichtiger als buchhalterisches Faktenwissen. Dass die Entscheidungsträger einem zutrauen, dass man es schafft – darum geht es. Letzten Endes ist es eine Imagefrage: Bei den richtigen Leuten den richtigen Eindruck zu hinterlassen und die richtigen Fantasien zu mobilisieren, das ist die Kunst. Und das trifft für Jung-Manager genauso zu wie für Beamte und »Parteisoldaten« oder neue Selbstständige.

Normale Jobs

Dabei muss es ja nicht immer gleich der ganz große Wurf und die Top-Karriere sein, die man anstrebt. Zwar wird immer wieder über die schwierige Situation auf dem Lehrstellen- und Ausbildungsmarkt geklagt. Aber jetzt, wo die geburtenschwachen Jahrgänge langsam auf den Arbeitsmarkt kommen, kehrt sich in manchen Bereichen die Situation schon wieder um: Es gibt nicht zu wenige Lehrstellen, sondern eine Vielzahl kann derzeit gar nicht mit Ausbildungswilligen (die ausreichende Voraussetzungen haben) besetzt werden – zumindest nicht mit deutschen.

Schließlich – bei vielen jungen Leuten sind es die viel normaleren Jobs, die viele Berufsstarter anstreben: Von der Sachbearbeiterin in der Verwaltung, über den Bankangestellten oder den Versicherungsagenten und die Grafikdesignerin bis hin zum Ergotherapeuten oder der Logopädin. Gar nicht mitgezählt all die typischen Berufswünsche von Jungen (»Irgendwas mit Autos, Medien, Geld«) oder der Mädchen (Friseurin, Kosmetikerin, Arzthelferin, Krankenschwester ...). Dabei sieht es gerade für diese Generation auch gar nicht so schlecht aus, dass viele zumindest ungefähr den Beruf bekommen, den sie wollen – auch wenn sie diesen mit großer Wahrscheinlichkeit nicht ein Leben lang ausüben werden. Man rechnet schließlich damit, das die heute jungen Leute im Laufe ihres Lebens in mehr als drei unterschiedlichen Berufen tätig sein werden. Das ist nicht nur eine Herausforderung für die berufliche Identitätsfindung dieser Generation, sondern birgt auch Chancen: Denn, wenn man überlegt, dass es in Deutschland über 40 Millionen Arbeitsplätze gibt, wovon jedes Jahr ungefähr jeder vierte neu besetzt wird, gibt es im Grunde 10 Millionen Chancen für einen neuen Arbeitsplatz.

Und was braucht man, um in den nächsten Jahren Karriere zu machen?

Karriereanforderungen 2020

Marktkenntnis: Ohr am Markt

Präsentationssicherheit: Kreativität – Authentizität
– Verantwortung – Engagement

Motivation: nach oben wollen (»Gestaltungshun-
ger«, Herausforderungen suchen)

Selbstbewusstsein: ernsthaft von sich überzeugt sein

Vision: Sinn und (möglichst konkretes) Ziel

Realismus: Was ist machbar, was ist möglich?

Energie: auf die Dauer hilft nur Power

Selbstdisziplin: Konzentration und Zielgerichtetheit
und Steuerung der Energie

Kreativität: querbürsten und neue Lösungen

Stressmanagement: Arbeitsdruck und Niederlagen
positiv bewältigen

Flexibilität: multifunktional einsetzbar

Mobilität: keine Probleme mit mehrfachem Ortswechsel

Soziale Fertigkeiten: Teamfähigkeit (Sensibilität für
Gruppenprozesse: »Wecke das wir in dir«, Rollenflexibilität), Systemveränderung

Führungsqualitäten: Durchsetzungsfähigkeit,
»Charisma«

Multi-Options-Mentalität: Multi-Tasking-fähig

Entscheidungssicherheit: Klarheit und Konsequenz

Konfliktfähigkeit: fair fighten

Loyalität/Illoyalität: die Fähigkeit, im richtigen
Moment zu gehen (»Job surfing«)

Das Wichtigste: die Fähigkeit, sich gebrauchen zu
lassen, ohne daran kaputtzugehen

Von Traumjobs, Zweitjobs und Minijobs

Allerdings – die Arbeitswelt ist heutzutage vielfältiger
denn je: Vom Traumjob zum Zweitjob oder Minijob ist es
mitunter ein kurzer Weg. Die Menschen arbeiten flexibler
als noch vor 20 Jahren. Sie müssen kreativer, mobiler und
anpassungsfähiger denn je sein. Pasternaks Motto »Sei
zart und geschmeidig, sagte der Mühlstein zum Weizen«
entsprechend kommen viele heutzutage gar nicht umhin,
sich auf diese veränderten Arbeitsbedingungen einzulas-
sen. Denn Sicherheiten gibt es in dieser schönen neuen
Arbeitswelt kaum noch, der Strukturwandel hat alle er-
fasst. Es ist eine Fähigkeit, sich gebrauchen zu lassen, ohne
daran kaputtzugehen. Aber genau so wichtig ist es dann,
zu gehen, wenn sich eine neue Chance auftut. Die Auf-
kündigung der Verbindlichkeit ist nämlich keine Einbahn-
straße. Sie trifft Arbeitgeber wie Arbeitnehmer.

Kleine Tipps

- Überprüfen Sie Ihre Grundhaltung: Ist sie optimistisch,
  pessimistisch, verzweifelt, aggressiv, depressiv?
- Reduzieren Sie Unwichtiges.
- Ausmisten: Machen Sie mindestens einmal monatlich
  einen »Tag der Kleinigkeiten«.
- Lernen Sie Delegieren.
- »Worst-Case-Szenario«: Malen Sie sich aus, was
  schlimmstenfalls passieren könnte.
- Notfallplan: Entwickeln Sie für den schlimmsten Fall,
  der eintreten kann, einen Notfallplan (oder auch meh-
  rere).
- Kurzfristig: »Wiederaufbereitungsanlagen« I – Tun Sie
  etwas für Ihren Körper.
- Mittelfristig: »Wiederaufbereitungsanlagen« II – Bauen
  Sie sich ein Netzwerk (Freunde, Partner, Familie) auf,

das Sie auffängt, unterstützt und Ihnen gegebenenfalls den »Kopf zurechtrückt«.
- Langfristig: Rückblick … Meine ursprünglichen Ziele? Was habe ich erreicht? Was nicht? Stimmen die Ziele noch?

Zum Nachdenken

- »Die Dinge wachsen dir nicht über den Kopf, wenn du ihn nicht zu hoch trägst.« (Konrad Lorenz)
- Resignation ist die Vorwegnahme einer lange ersehnten Niederlage.
- Sie haben es geschafft, wenn ihr Chef so sein will, wie Sie.
- »Auf dem Gipfel des Erfolges finden wir (mitunter) ein Kreuz – für die Leichen, über die wir gegangen sind«. (nach Gerhard Uhlenbrock)
- Man kann einer Idee, einer Vision oder einer Karriere ein Leben opfern – aber bitte nur sein eigenes.

Bedenkenswerte Fragen

Was glauben Sie selbst: Wenn jemand Karriere machen will, dann

1) sollte er wissen: _____

_____

2) sollte er können: _____

_____

3) braucht er: _____

_____

Zum Weiterlesen

Demmer, C. & Thurn, B.: Karriere-Tools für High-Potentials. Die Wahrheit über die Schlüsselqualifikationen für den Aufstieg. Frankfurt am Main 2001

Friebe, H., Lobo, S.: Wir nennen es Arbeit. München 2006

Despeghel, M.: Lust auf Leistung. Das Trainingsbuch für den Job. München 2005

Hohensee, T.: Das Erfolgsbuch für Faule. München 2002

Nollau, N.: Go! – Endlich neue Wege gehen. München 2007

Gut auf dem Weg: Mit Wissen, Können, Erfahrung und Herz?

Extreme wirtschaftliche Trends neigen dazu, gerade dann zu kippen, wenn die meisten diese wahrnehmen. In unserer schnelllebigen Zeit gibt es langfristig geplante Modellkarrieren und eindimensionale Ausbildungs- und Karrieregeschichten so gut wie nicht mehr. Es macht also wenig Sinn, sich die speziellen Fähigkeiten anzueignen, die aktuell einen hohen Marktwert besitzen. Besser ist es wohl, seine wirklichen Fähigkeiten, Fertigkeiten und Interessen zu kennen und etwas für seine Persönlichkeitsentwicklung zu tun.

Erfahrung und Persönlichkeit sind gefragt

Ein Diplom zu besitzen gibt heutzutage selbst in Deutschland keine Sicherheit mehr – Hunderte von Ärzten arbeiten heute als Pharmareferenten. Kostenmanager verdrängen allerorten die Jungspunde, die vom schnellen Geld eines 80-Stunden-Jobs und dem eigenen Jet mit 40 träumen.

Fazit: Es lohnt sich nicht, ein Alleskönner werden zu wollen und vorzugeben, Generalexperte für alles zu sein. Besser ist es, einerseits über den Tellerrand des eigenen Jobs zu schauen und andere Tätigkeitsfelder zu kennen, andererseits aber auch die eigene Kernkompetenz herauszufinden – also das, was man wirklich kann und will. Und genauso wichtig ist es, sich seine Umstellungsfähigkeit und die Lernbereitschaft zu erhalten. Klar, dass das ein Spannungsfeld ist, das psychische Energie kostet.

Pflege die eigene Marke

Auf jeden Fall wichtig ist Aktivität statt Duldungsstarre und Passivität: Upgrade yourself, »verbessern Sie Ihr Wissen, Ihr Können und Ihre Performance«, empfehlen heute

Karriereberater. Die Pflege der »eigenen Marke« ist wichtig. Image ist vor allem in überschaubaren Branchen langlebig. Achten Sie darauf, dass Sie von den richtigen Kreisen wahrgenommen werden und dass gut über Sie gesprochen wird.

Ihre Aktivitäten hängen natürlich auch davon ab, wie weit Sie nach oben wollen: Liegt Ihnen an irgendeinem krisenfesten Job, bei dem Sie mit der Tätigkeit zufrieden sind und mit dem Sie sich und Ihre Familie ernähren können? Oder wollen Sie »straight to the top« aufsteigen – eventuell sogar in die Super-Klasse. Beides ergibt sich nicht von selbst und sollte – vorher – gut überlegt sein. Dann ist ein entsprechendes Vorgehen möglich.

Auswahlkriterien: Wer den Job bekommt

Ganz gleich, welches Auswahlverfahren eingesetzt wird und auf welcher Ebene ein Bewerber eingesetzt werden soll: Letzten Endes geht es darum, Aussagen über die Persönlichkeit des Bewerbers zu treffen und eine Prognose darüber abzugeben, wie gut der/die Betreffende an diese Stelle passt. Daher ist das wichtigste Auswahlkriterium für Personalleiter die Persönlichkeit des Bewerbers, gefolgt von seiner Sozial-, Leistungs- und Fachkompetenz.

Gefragt – insbesondere für Führungspositionen – ist so was Unspezifisches wie »Ausstrahlung« und scheinbar oberflächliche Dinge wie Stil und Kleidung. Im Grunde geht es um die Frage: »Traue ich diesem Bewerber zu, dass er die Aufgaben des Tätigkeitsfeldes schafft, auch für längere Zeit?« Und dafür kann man zwar einige objektive Daten erfassen, die Entscheidung für den einzelnen Bewerber ist dann aber doch immer subjektiv und mehr oder weniger durch Intuition geprägt.

Außerdem wünschen sich Personaler, dass ihr neuer Mitarbeiter gewillt ist, ein Leben lang dazuzulernen.

Von der Karriereleiter zum Karriere-Netzwerk

Die Karriereleiter ist eine eher eindimensionale Vorstellung. Klüger ist es heute – und ohnehin in unruhigen und unübersichtlichen Zeiten –, sich die Karriere als Netzwerk vorzustellen, als ein Netzwerk aus den unterschiedlichsten beruflichen (und privaten) Kontakten, aus sich ständig verändernden Berufsinteressen und wachsenden Fähigkeiten.

Weil ein Netzwerk in einem ständigen Wandel begriffen ist, hat der Netzwerkbetreiber mehr Entscheidungsfreiheit als der Leiterkletterer: Gehe ich besser in diese oder besser in die andere Richtung? Bringt mich dieser Kontakt, dieser Auftrag meinem Ziel einen Schritt näher oder jener? Damit habe ich aber auch die Qual der Wahl und die Verantwortung für mich, mein Leben, meine Karriere. Aber das wollte ich ja, oder?

Ein Netzwerk ist zudem ein Netz, vielleicht sogar eines mit doppeltem Boden, das einen auffängt, wie einen Artisten in der Zirkuskuppel, wenn er abstürzt. Im Gegensatz zur Karriereleiter, wo man wirklich vielleicht ins Bodenlose fällt oder hart auf dem Boden der Realität aufschlägt, weil man vielleicht alles auf eine Karriere-Karte gesetzt hat (und im schlimmsten Fall bei Hartz IV und ALG II landet), hat man bei einem Karriere-Netzwerk immer noch eine oder auch mehrere Alternativen: Wenn es hier nicht weitergeht, dann wähle ich eine andere Richtung, einen anderen Knotenpunkt – gebe mir also eine neue Chance, ohne allzu viel Zeit mit Wundenlecken verbringen zu müssen.

Weiter auf dem Weg und nach oben

Was braucht es, wenn die ersten Schritte gemacht sind, um auf dem Berufsweg weiter oder auch »nach oben« zu kommen?

1. Bleiben Sie sich selbst treu: Überlegen Sie die Konsequenzen Ihres Verhaltens und lassen Sie sich nicht zur Marionette machen. Kümmern Sie sich auch um Ihre private Identität, unabhängig von Beruf und Leistung. Das innere Motto »Ich bin freiwillig hier. Ich könnte jederzeit gehen« ist dabei hilfreich.

2. Karriere hat ihren Preis – Sie entscheiden, wie viel Sie dafür zahlen: Es ist sinnvoll immer auch Distanz zum Beruf zu haben und regelmäßig Zeit und Energie in grundsätzliche Fragen zu investieren: »Was tue ich da eigentlich – und was habe ich davon?« Hilfreich sind auch Verteidigungslinien, die Sie davor bewahren vom Job aufgefressen zu werden. Vorsicht vor zu viel »sekundärem Krankheitsgewinn« durch den Beruf: Es gibt mehr im Leben als den Beruf und noch mehr Effektivität, Effizienz und Geschwindigkeit. Und stellen Sie sich Grundfragen: Fühlen Sie sich eigentlich wohler als »selbstverantwortlicher Unternehmer« oder sind Sie lieber »gutverdienender Leibeigener des Unternehmens«?

3. Tun Sie selbst etwas für Ihr Image: Entwickeln Sie Strategien zur Selbstvermarktung – innerhalb und außerhalb der Firma. Halten Sie Ihren Markt im Blick. Es macht auch Sinn, die Kontakte zu Mitbewerber-Firmen auf dem Markt niemals ganz abbrechen zu lassen.

4. Stellen Sie ihre Flexibilität unter Beweis – seien Sie nicht zu berechenbar: Zeigen Sie Ihre unterschiedlichen Facetten: Mal Ellenbogen aus Stahl, mal diplomatische Verbindlichkeit, mal strikter Exekutor der Vorgaben von Oben, mal unberechenbarer Kreativer mit »Flausen im Kopf« sind angesagte Aufstiegstaktiken. Zu viel Berechenbarkeit, Kontinuität und Konsequenz führen dazu, dass Sie schnell in Schubladen sortiert werden. Entwickeln

Sie stetig Ihre sozialen Fähigkeiten und Fertigkeiten und Ihr Gespür für Personen, Situationen und Unternehmenskulturen.

5. Rückschläge und Enttäuschungen gehören dazu; bewerten Sie diese als Momentaufnahme und lernen Sie daraus: Eine gute Ausstrahlung ist auf vielen Ebenen hilfreich. Bilanzieren Sie regelmäßig: Was ist mir gut gelungen, was kann ich besser machen? Jammern Sie nicht öffentlich. Halten Sie Ihre psychische und physische Kondition im Blick: Ihre wahre Verfassung dringt Ihnen bei Personen, die Sie gut kennen (zum Beispiel auch Mitarbeitern, Kollegen und Chefs) ohnehin meist durch die Knopflöcher.

6. Ihre Karriereziele gehen vor allem Sie selbst etwas an – binden Sie diese nicht jedem auf die Nase: Offenheit ist wichtig – aber: Es gibt ein angemessenes Maß von Offenheit. »Wer für alles offen ist, kann nicht ganz dicht sein.«

7. Behandeln Sie Ihre(n) Partner(in)/Ihre Familie gut – Sie sind Ihre wichtigsten Verbündeten: Vernachlässigen Sie Ihre (Ehe-)Frau, Ihre Kinder, Ihre Angehörigen nicht. Ihre Familie muss die beruflichen Ziele mittragen. Nehmen Sie private Termine ernst. Nerven Sie Ihre Familie nicht ständig mit Ihren Berufsproblemen. Partner(in) und Kinder sind auch »Wiederaufbereitungsanlagen« (mehr dazu siehe: »Familie und Beruf« und »Fünf Säulen der Identität«).

8. Denken Sie daran: Sie spielen auch im Beruf verschiedene Rollen – je perfekter Sie das tun, desto weiter bringen Sie es: Wirklich erfolgreiche Manager haben verstanden, dass sie immer auch eine Rolle spielen. Je nach Situation und Gegenüber können sie problemlos von einer Rolle in eine andere wechseln. Psychologen nennen das »Rollenflexibilität«. Und ganz ohne Eitelkeit geht es nicht. Aber Vorsicht: keine Überdosierung! Dabei hilft etwas ironische Distanz zu sich selbst.

9. Unterschätzen Sie Ihren Vorgesetzten nicht – er ist und bleibt ein Machtfaktor: Auf Dauer kann zwar kein Vorgesetzter gute Leute verstecken, aber am Chef vorbei steigt auch heute selten jemand auf. Machen Sie Ihren Vorgesetzten nie zum Verlierer – selbst wenn alle Fakten dafür sprechen. Suchen Sie sich Felder zur Profilierung, die auch ihm nützen. Geben Sie ihm ab und zu das Gefühl, dass Sie seinen Rat schätzen.

10. Isolieren Sie sich nicht: Sie brauchen andere, um voranzukommen: Es ist wichtig, andere für die eigenen Ziele zu interessieren. Sie sollten die Chance nutzen, Mitarbeiter, Vorgesetzte und Kollegen so zu beeinflussen, dass sie Ihnen helfen, diese Ziele zu erreichen. Dabei ist es wichtig, die nicht ganz leichte Gratwanderung zwischen angemessener Nähe und notwendiger Distanz hinzubekommen. Versuchen Sie, sich in das Beziehungsgeflecht von Personen einzuklinken, die in Ihrem Unternehmen (und anderswo) Karriere machen. Hilfreich ist es, sich Förderer und Unterstützer zu suchen. Knüpfen Sie nützliche Beziehungen. Aber: Unterscheiden Sie zwischen strategischen Netzwerken und Freundeskreisen.

Kleine Tipps

- Horch, was kommt von drinnen raus ...
- »Wenn du etwas haben willst, was du noch nie hattest, musst du etwas tun, was du noch nie getan hast.« (Nossrat Peseschkian)
- Man macht langfristig nur wirklich gut, was man gerne macht.

▒ Setze etwas in Gang, das die Chance in sich birgt, eine
Lawine zu werden.

Zum Weiterdenken

Die drei *falschen* Stadien des Lebens:
1. Lernen sollen
2. Arbeiten müssen
3. Nichts mehr zu tun haben

Die drei *richtigen* Stadien:
1. Lernen können
2. Arbeiten wollen
3. Tun dürfen, wozu ich Lust habe

Zum Weiterlesen

Rubin, H.: Soloing. Die Macht des Glaubens an sich
selbst. Frankfurt am Main 2003
Püttjer & Schnierda: Zeigen Sie, was Sie können. Mehr Erfolg durch geschicktes Selbstmarketing. Frankfurt am
Main 2003

Frauen und Karriere

Frauen können auf vielen Gebieten beruflich erfolgreich sein – in der Finanzwelt genauso wie in der produzierenden Wirtschaft oder der Kosmetikindustrie, an der Uni, in Behörden, Kunst, Wissenschaft oder Politik – allerdings sind immer noch nur wenige Frauen in den Top-Positionen.

Die Hälfte des Himmels: Jeder zweite Job den Frauen?

Frauen haben auf dem Arbeitsmarkt beachtlich an Terrain gewonnen, zuerst bei den Schulabschlüssen und immer mehr auch in der Berufswelt: Der Frauenanteil bei den Abiturienten liegt schon seit einigen Jahren in Deutschland weit über 50 Prozent. Etwa die Hälfte der Studienanfänger und auch der Absolventen der diversen Studiengänge ist weiblich. Diese jungen emanzipierten Frauen sind die Bildungsgewinnerinnen, die selbstbewusst und erfolgsorientiert durchs Leben gehen.

Der Einstieg in einen vielversprechenden Job ist für die gut qualifizierten Frauen in der Regel heute kein Problem mehr – händeringend werden hochqualifizierte und gerade auch weibliche Fachkräfte gesucht.

Danach läuft der Karriereweg bei den meisten Frauen aber nicht mehr ganz so glatt und bis ins Top-Management schaffen es nur die wenigsten. Europaweit ist bisher ungefähr jede vierte Führungskraft eine Frau (26,5 Prozent nach Eurostat-Angaben). Allerdings betrifft das alle Unternehmen – von der Imbissbude bis hin zu großen Unternehmen. In den Führungsetagen der Großkonzerne sind gerade mal 4 Prozent Frauen.

In die zweite Führungsebene, in das »mittlere Management« sind dagegen bereits 40 Prozent Frauen vorgedrungen, dort herrscht schon fast Ausgeglichenheit zwischen den Geschlechtern. Allerdings sind die Unterschiede in

den verschiedenen Branchen sehr groß. Im Gesundheits-
und Sozialwesen finden sich besonders viele weibliche
Chefs, ebenso im öffentlichen Dienst. In anderen Bereichen sind sie noch weit abgeschlagen im hinteren Feld unter »ferner liefen«.

Letztlich werden aber immer noch 70 Prozent der deutschen Betriebe ausschließlich von Männern geführt. Immer noch – fast – reine Männerrunden sind die Vorstände
(nur 2,5 Prozent Frauen) und Aufsichtsräte (9 Prozent)
deutscher Konzerne. Von einer Gleichstellung der Ge-
schlechter dort kann nicht die Rede sein.

Junge Frauen haben also heute einerseits viel bessere
Karten als ihre Vorgängerinnen: Sie haben super Abitur-
noten und wissen auch sonst, dass sie gut sind. Und sie
lesen es ständig in der Zeitung oder im Internet, dass die
Wirtschaft es sich gar nicht mehr leisten kann, auf die gut
ausgebildeten jungen Frauen zu verzichten. Andererseits
gibt es noch jede Menge ideologischer Vorbehalte gegen
Frauen als Führungskräfte. Obwohl der Trend eindeutig
in Richtung Gleichberechtigung geht.

Wasser auf die Mühlen der Emanzipation ist die Angst
vor einem zukünftigen Fachkräftemangel in der Wirtschaft und Technik: Frauen als Elektrotechnikerinnen und
Maschinenbauer, Schornsteinfeger und Feuerwehrleute?
Plötzlich ist die bessere Vereinbarkeit von Familie und Beruf ein offizielles »wichtiges Anliegen« der Wirtschaft und
allmählich, hier und da, auch der Politik.

Frauen – die besseren Führungskräfte?

Und es scheint sich auch in den Führungsetagen herumzu-
sprechen: Frauen scheinen für viele Führungspositionen
besser geeignet als Männer. Sie sind weniger dominant, dafür aber verantwortungsbewusster. Ihre Intuition und ihre
Teamfähigkeit sind besser ausgeprägt. Und es ist die ge-

konnte Verbindung von Selbstbewusstsein und Charme, die den Erfolg vieler Karrierefrauen ausmacht. Aber der »weibliche Zugang« zu den Problemen – Emotionalität, Kommunikationsfreude und vernetztes Denken – irritiert immer noch viele traditionell orientierte Männer.

Vielleicht suchen Firmen wie Siemens deshalb Frauen speziell für technische Jobs. Es wird neuerdings in vielen Betrieben auf gemischte Teams gesetzt. Dort sollen Frauen neue Sichtweisen einbringen und die Innovationsdynamik erhöhen. Talentmanagement ist angesagt. Schon die Schülerinnen will man für Technik begeistern durch »Girls' days« und »Frauenpower-Tage«.

Die wahren Karrierehemmnisse: Vorurteile und Gehaltslücke

Mit dem Weiterkommen auf der Karriereleiter klemmt es allerdings bei Frauen bis heute immer noch viel öfter als bei Männern. Rührt der Karriereknick bei Frauen aber wirklich nur daher, dass Frauen Kinder kriegen können?

Die Hamburger Professorin Sonia Bischoff glaubt nicht, dass die Kinderfrage für Frauen das größte Hindernis ist, denn im mittleren Management finden sich immer mehr Frauen mit eigenen Kindern. Als die beiden wichtigsten Karrierehemmnisse hat sie Folgendes ausgemacht: Vorurteile gegenüber Frauen und die Gehaltslücke zu den männlichen Kollegen. Wohlgemerkt: Frauen verdienen immer noch zirka 22 Prozent weniger für die gleiche Arbeit wie Männer (auch im Führungsbereich!).

Hier drei Beispiele für Einkommensunterschiede zwischen Männern und Frauen
(laut www.frauenlohnspiegel.de):

■ Ein Versicherungskaufmann verdient beispielsweise im Schnitt 3545 Euro im Monat, eine Versicherungskauffrau dagegen 2593 Euro monatlich (73,2 Prozent vom Männergehalt).

- Ein Diplomkaufmann bringt es auf 4231 Euro, eine Diplomkauffrau auf 3351 Euro (79,2 Prozent).
- Ein Maschinenbauingenieur kann mit 4329 Euro rechnen, seine weibliche Kollegin mit 3557 Euro (82,2 Prozent).

Wie war das bitte mit »gleichem Lohn für gleiche Arbeit«? Elke Holst vom Deutschen Institut für Wirtschaftsforschung (DIW) ist überzeugt, dass die Gehaltsfrage immer noch ein altes Rollenverständnis widerspiegelt. Ein Vorgesetzter, der meint, eine Frau habe sich in erster Linie um Haushalt und Kinder zu kümmern, wird ihr immer ein niedrigeres Gehalt als einem Mann anbieten. Für ihn ist sie nämlich nur eine »Zuverdienerin« und der Mann der »Ernährer«, ganz so, wie es das traditionelle Familienbild der 1950er Jahre vorgesehen hat.

Die Hamburger Professorin Sonia Bischoff ist jedenfalls der Überzeugung, dass Frauen, die positive finanzielle Erfahrungen machen, das heißt richtig gutes Geld verdienen, einen ähnlich starken Aufstiegswillen entwickeln wie die Männer – und dann natürlich die Karrierehürden leichter meistern.

Frauen in Männerberufen und der Drehtür-Effekt

Vor allem Frauen in Männerberufen sollten auf den so genannten »Drehtür-Effekt« gefasst sein: Es passiert immer wieder, dass gut ausgebildete Frauen durch starke Männerbündnisse wieder aus dem Job hinausgedrängt werden, noch bevor sie richtig Fuß gefasst haben – obwohl sie fachlich ohne Weiteres mithalten könnten.

Auch die viel gerühmten »Soft skills« der Frauen – also Teamfähigkeit, Einfühlungsvermögen und Kommunika-

tionsfähigkeiten – werden oft nur auf der unteren Führungsebene geschätzt. Im Verkaufsbusiness denkt man
beispielsweise darüber nach, ob traditionell weibliche Ver-
handlungs- und Verkaufsstile nicht viel effektiver sind als
die männlichen »Hard selling«-Methoden.

Auf den höheren Ebenen zählen dann doch die männlichen Eigenschaften wie Durchsetzungsvermögen, Ver-
handlungsstärke und Zielstrebigkeit. Prof. Rolf Haubl
vom Frankfurter Sigmund-Freud-Institut spricht sogar
vom Erfolgsfaktor »gekonnte Aggressivität«. Um erfolgreich zu sein, müssten Frauen eigene Interessen gegen
Widerstände vertreten, Konflikte und Enttäuschungen
aushalten und Aggressionen produktiv nutzen.

Das Dilemma mit der Zeit

Aber allein schon die Möglichkeit kürzerer und flexiblerer
Arbeitszeiten – sowohl für Männer wie für Frauen –
würde manches erleichtern.

Nach vorsichtigen Schätzungen leidet ein Drittel der
deutschen Familien unter Zeitnot. Hauptursache dafür
sind die sehr langen Arbeitszeiten von Vätern, meist mit
mehr als 40 Stunden in der Woche. Dahinter steht das
Standardmodell des »sorgelosen Arbeitnehmers«, der sich
mit ganzer Kraft dem Job widmen kann, weil die fürsorg-
liche Ehefrau ihm zu Hause den Rücken freihält. Dieses
Modell ist inzwischen längst von der Realität überholt
worden. Nur ein knappes Viertel der Paare lebt in West-
deutschland noch in der klassischen Hausfrauen-Ehe, in
Ostdeutschland sind es gar nur 8 Prozent. Eine klare
Mehrheit will das »Zweiverdienermodell«, das heißt, beide Partner wollen arbeiten.

Balance zwischen Beruf und Familie ist angesagt, um
Zeitnot zu vermeiden und das berufliche Fortkommen
von beiden Eltern zu ermöglichen. Schlüsselfaktor ist hier

die Arbeitszeit. Wünsche und Wirklichkeit fallen hier leider weit auseinander: Mit kleinen Kindern arbeiten Mütter in der Regel kürzer. Väter bleiben bei Vollzeit oder
arbeiten sogar länger als ohne Nachwuchs. Häusliches
Engagement ist da kaum noch zu erwarten. Die Gender
Gap, die geschlechtsspezifische Schere bei den Arbeitszeiten von Müttern und Vätern ist beträchtlich. In West-
deutschland arbeiten Väter im Schnitt 17 Stunden pro Woche länger als Mütter, vor allem deshalb, weil Väter meist
Vollzeit und Mütter Teilzeit arbeiten.

Vollzeitarbeitende Eltern wünschen sich mehrheitlich
kürzere Arbeitszeiten, teilzeitbeschäftigte Mütter würden
die Arbeitszeit gerne erhöhen. Wunscharbeitszeiten bewegen sich zwischen hoher Teilzeit und gemäßigter Vollzeit.

Eine Idee aus Schweden: subventionierte Arbeitszeit-
verkürzung von Müttern und Vätern um fünf Stunden die
Woche. Vollen Steuervorteil gibt es nur, wenn beide Eltern
die Absenkung nutzen.

Die neuen Leiden der modernen Frau

Lange Zeit waren Frauen das gesündere Geschlecht –
schließlich leben sie durchschnittlich fünf Jahre länger als
Männer. Das scheint nicht mehr zu gelten: Immer mehr
Frauen leiden unter Stress, neigen zu Depressionen und
Suizid, erleiden Herzinfarkte.

»Frauen setzen sich heute enorm unter Druck, alles richtig machen zu wollen«, sagt Prof. Stefan Bleich, Chefarzt
der Klinik für Psychiatrie der Medizinischen Hochschule
Hannover. Er macht das veränderte Rollenbewusstsein
dafür verantwortlich: Familie, Kind und Beruf müssen ge-
stemmt werden. Noch dazu ist Mobbing am Arbeitsplatz
bei jungen Frauen zwischen 30 und 40 Jahren stark verbreitet. Experten sind sich einig: Dieser Leistungsdruck

erhöht die psychischen Leiden der Frauen, so sind Depressionen bei Frauen inzwischen doppelt so häufig wie bei Männern, und die Zahl der Herzinfarkte bei Frauen ist in den letzten Jahren dramatisch gestiegen.

Petra Gerstkamp vom Müttergenesungswerk hat ebenfalls die Erfahrung gemacht, dass junge Frauen dadurch, »dass sie alles wollen«, schnell unter einer Mehrfachbelastung leiden. Vor allem alleinerziehende Mütter hätten es schwer. Aber auch Mütter in einer festen Partnerschaft, litten unter Erschöpfungszuständen, da sie nicht nur eine gute Mutter, sondern genauso auch eine »gute Partnerin und gut im Beruf sein wollten«. Wenn dann noch die Pflege von Angehörigen, ein zeitintensives Hobby oder Vereinsaktivitäten dazukommen, ist die Mehrfachbelastung schnell perfekt. Von einem ausgewogenen Verhältnis zwischen Berufs- und Privatleben – oder Work-Life-Balance – kann dann keine Rede mehr sein.

»Gender Mainstreaming«

Gender kommt aus dem Englischen und bezeichnet die gesellschaftlich, sozial und kulturell geprägten Geschlechterrollen von Frauen und Männern. Diese sind – anders als das biologische Geschlecht – erlernt und damit auch veränderbar. *Mainstreaming* bezeichnet die Absicht, einen bestimmten Sachverhalt oder eine bestimmte Frage zu einem allgemeinen gesellschaftlichen Thema beziehungsweise zu einer allgemeinen gesellschaftlichen Praxis zu machen.

»Gender Mainstreaming« bedeutet, bei allen gesellschaftlichen Vorhaben die unterschiedlichen Lebenssituationen und Interessen von Frauen und Männern von Anfang an und durchgängig zu berücksichtigen.

Die Wurzeln liegen in der weltweiten Frauenbewegung und deren enttäuschenden Erfahrungen mit der Durchsetzung von weiblichen Forderungen an die Regierungen. Frauen wollten aus der Position der Bittstellerin an die Regierungen herauskommen und suchten nach neuen Strategien. 1995 auf der 4. Weltfrauenkonferenz in Beijing erhielt die neue Strategie ihren Namen: »Gender Mainstreaming«. Regierungen sollten von da an in allen Politikbereichen berücksichtigen, welche Auswirkungen jede ihrer fachpolitischen Entscheidungen für die Situation der Frauen (und der Männer) hat.

Von der Hausfrauenehe zum »Gender Mainstreaming«

Die Rahmenbedingungen für eine echte Entscheidungsfreiheit zwischen Familie und Beruf sind immer noch nicht stimmig. Das deutsche Steuersystem fördert zum Beispiel immer noch über das Ehegattensplitting die »Alleinverdiener-Ehe« beziehungsweise einen Haupternährer mit allenfalls geringfügig erwerbstätiger Ehefrau. Die Elternurlaubsregelungen (vor dem Elterngeld) förderten bisher lange Unterbrechungen oder Aufgabe der Berufstätigkeit. Immer noch sind die Arbeitzeiten für die Mehrheit zu unflexibel. Dazu ist die öffentliche Kinderbetreuung noch immer nicht gut genug ausgebaut. Das alles hemmt und belastet immer noch die Frauenerwerbstätigkeit.

Siemens hat inzwischen die Vielfalt eingeläutet: Erstmals in der Firmengeschichte ist eine Frau in den Vorstand berufen worden. Die 54-jährige Barbara Kux übernahm im November 2008 das neue Ressort Konzerneinkauf und Nachhaltigkeit. Weil sie dabei über ein Volumen von 42 Milliarden Euro verfügen kann, titelte der Berliner Tagesspiegel: »*Shoppen für Siemens*«.

11 Karrieretipps für Frauen[3]

- Zukunftschancen der Ausbildung/des Studiums bedenken
- Kontinuierliche fachliche und persönliche Weiterbildung pflegen
- Langzeitperspektive für die Karriereplanung entwickeln
- Berufliche Ziele setzen und mit den privaten Lebenszielen abstimmen
- Risiken auch als Chancen sehen
- Lernen angemessene (Lohn-)Forderungen zu stellen
- Unterstützung im privaten Bereich organisieren (zum Beispiel Tagesmutter, Haushaltshilfe, Arbeitsteilung in der Familie)
- Zu der eigenen Weiblichkeit stehen
- Kurze Babypause (6 bis 12 Monate)
- Lernen mit Macht umzugehen
- Sich Netzwerken anschließen

Diese Tipps sind auch für alle Männer geeignet, die zu ihrer Frau und ihren Kindern stehen.

Zum Weiterdenken

- »Frauen sind die Hälfte der Weltbevölkerung, sie leisten fast zwei Drittel der Arbeitsstunden, sie erhalten ein Zehntel des Welteinkommens und sie besitzen weniger als ein Hundertstel des Eigentums der Welt.« (Aus einem Bericht der Vereinten Nationen, New York 2001)
- »Man erhält nur die Chance, die man sich selbst gibt.« (Dagmar Bollin-Flade, Frankfurter Unternehmerin)
- »Ohne Macht wird nur gelacht.« (Quelle unbekannt)

Zum Weiterlesen

Hoffritz, Jutta: Aufstand der Rabenmütter. München 2008
Gaschke, Susanne: Die Emanzipationsfalle. München 2005

Zum Weiterklicken

www.bpw-germany.de
Business and Professional Women (BPW)
Frauen-Forum, internationales Netzwerk, Clubs in 38
Städten, 1700 Mitglieder, Tagungen und Mentoring-Programme.

www.genderdax.de
Informationsplattform für hochqualifizierte Frauen, seit
2005 online; Zusammenstellung von Firmen, die weibliche
Fach- und Führungskräfte fördern, entwickelt von Helmut-Schmidt-Universität Hamburg.

www.equalpayday.de
Webseite der Initiative Equal Pay Day. Will auf die Unterschiede in der Entlohnung von Frauen und Männern aufmerksam machen und sie als ein allgemeines Problem ins
Bewusstsein holen.

www.total-e-quality.de
http://genderblog.de/

Familie und Beruf:
Der große Balanceakt

Flexibilität und Mobilität sind heute alltägliche Forderungen in der Arbeitswelt.

»Bereits jeder sechste Mitarbeiter mit Familie und Partner sieht sich der Herausforderung ausgesetzt, Privatleben mit (ständig) wechselnden Berufsorten zu verbinden. Das Ergebnis sind Wochenend- und Fernbeziehungen, Nomaden-Familien und Beziehungen auf Zeit«, heißt es im Kongress-Programm der Tagung »Liebe ... bitte warten! – Balance zwischen Mobilität, Familie und Partnerschaft« die vom WorkFamily Institut in Frankfurt am Main durchgeführt wurde. Tenor: Immer mehr Berufstätige erleben diese zunehmenden Mobilitätsanforderungen als Belastung, die sie in heftige innere Konflikte stürzen – so als wäre es immer schwerer, Beruf und Familie zu vereinbaren.[4]

Die ewige Liebe oder die lebenslange Partnerbindung wird für viele immer mehr zur Ausnahme: Begriffe wie »Lebensabschnittspartner« oder »Sequentielle Monogamie« beschreiben die Situation. Je besser die Jobs dotiert sind, je mehr Stress damit verbunden ist, je schwerer es wird, einen guten Job zu finden – kurz: je größer die Flexibilität und Mobilität für die Karriere sein muss, umso weniger Zeit und Platz bleibt für Liebe und Beziehung. Manchmal wird die Beziehung sogar als Behinderung der Karriere erlebt.

Man tut immer weniger für die »große Liebe« oder verschiebt sie auf später. Und das führt dazu, dass die Beziehungsstabilität sinkt, man leichter aufgibt und man mehr und mehr von Lebensabschnittspartner zu Lebensabschnittspartner torkelt. Und das trifft nicht nur für Frauen zu.

Während früher unverheiratete Manager oft chancenlos waren, scheinen heute Singles und kinderlose Paare einen

Startvorteil zu haben. Denn »Single« steht auch für Ungebundenheit, für Flexibilität und Mobilität zugunsten eines anspruchsvollen Jobs.

Bremst also die Familie die Karriere – vor allem für Frauen?

Kinder – Kick oder Knick für die Karriere?

Karrierebewussten Frauen wurde gerne vorgehalten, sie seien schuld an der niedrigen Geburtenrate, weil sie sich unbedingt selbst verwirklichen und keine Kinder mehr kriegen wollten. Jetzt hat sich in anderen Ländern gezeigt, dass ausgerechnet dort, wo die Berufstätigkeit von Frauen und Müttern gezielt unterstützt wird (etwa in Frankreich), im internationalen Vergleich die höchsten Kinderzahlen auftreten. Am anderen Ende der Skala rangieren die Länder, wo Frauen überwiegend die traditionelle Hausfrauen- und Mutterrolle beibehalten haben. Und Deutschland liegt mittendrin.

Frauen wollen sich nicht mehr entscheiden zwischen den beiden Lebenswelten Beruf und Privatleben. Die jungen, gut ausgebildeten Frauen von heute wollen dreierlei: Geld verdienen, Kinder bekommen und Spaß haben. Wichtiger als der Mann fürs Leben ist ihnen finanzielle Unabhängigkeit und eine gute Ausbildung, so die Studie »Frauen auf dem Sprung« im Auftrag der Zeitschrift Brigitte.[5]

Ein Leben als Vollzeit-Hausfrau können sich immer weniger Frauen vorstellen. Dass Kinder glücklich machen können, glauben sie schon, aber spätestens ein Jahr nach Eintreffen von Nachwuchs möchten sie wieder im Job sein. Und mit den Karrierefrauen der 1980er Jahre, die mit Ende 40 frustriert feststellten, dass sie für ihren Berufserfolg teuer bezahlt haben – nämlich mit Einsamkeit und Kinderlosigkeit – wollen sie sich schon gar nicht vergleichen.

Der Trend geht zur späten Mutterschaft, denn anders

lässt sich in der »Rushhour des Lebens«, also zwischen 27
und 35 Jahren, nicht alles unter einen Hut bringen, was er-
folgsorientierte Frauen wollen: Ausbildungsabschluss,
Berufseinstieg, Entscheidung für Lebenspartner, eventuelle Heirat und Entscheidung für Kinder.

Während Männer sich auch noch mit 50 Jahren dazu
entschließen können, Vater zu werden, ist die biologische
Schallmauer für Frauen heute die magische 40. Und auch
in noch so fortschrittlichen Partnerbeziehungen ist die
Frau, die sich für ein Kind entscheidet, zumindest für eine
bestimmte Zeit beruflich nicht voll verfügbar.

Teilzeitbeschäftigung ist oft die einzige Möglichkeit,
familiäre Aufgaben mit dem Beruf zu vereinbaren – allerdings zu Lasten des beruflichen Erfolgs und zu Lasten
finanzieller Spielräume. Und die Spitzenjobs sind meistens immer noch an Vollzeittätigkeit gekoppelt und mit
Kind nur begrenzt vorstellbar. Kein Wunder, dass gut ausgebildete und gut verdienende Frauen tendenziell weniger
Kinder haben. Von den Frauen in Führungspositionen hat
Deutschland europaweit den geringsten Anteil von Müttern (43 Prozent). Zum Vergleich: In Litauen sind es fast
80 Prozent, in Luxemburg 75 Prozent.

Brigitte Hirl-Höfer gehört zu den wenigen Frauen, die es
auch mit Kindern in einen Top-Job geschafft haben. Sie ist
Human Resources Direktorin bei Microsoft Deutschland
und Mutter von zwei kleinen Jungs. In der Wirtschaftswoche (32/2008) erzählte die Top-Managerin:

> *»Als mein zweites Kind zur Welt gekommen war, hatte
> ich eigentlich vor, in Teilzeit zurückzukommen. Aber
> dann kam irgendwann der Anruf von meinem Chef,
> der mir einen Posten in der Geschäftsführung angebo-
> ten hat ... Und warum sollte das mit zwei Kindern
> nicht möglich sein?«*

Ihr Leben zwischen Kindern und Karriere ist anstrengend, aber eine eiserne Regel haben sie und ihr Mann:

> *»Einer von uns sollte zum Abendessen mit den Kindern zu Hause sein.«*

Wachstumsfaktor Familie

Frauen in Führungspositionen leben häufig mit Partnern zusammen, die genauso großes Gewicht auf ihre Berufskarriere legen wie sie selbst.[6] Entsprechend gut muss das Zusammenspiel zwischen Beruf und Familie organisiert sein. Männliche Chefs stützen sich – zumindest in traditionellen Beziehungen – aber immer noch gerne auf Partnerinnen, die ihren eigenen Berufserfolg zurückgestellt haben und die Kinderbetreuung als Alleinzuständige übernehmen: Er heimst im Job Erfolge ein, sein Selbstbewusstsein steigt, sie räumt ihm zu Hause Alltagsprobleme aus dem Weg und kämpft an der Familienfront – und das mitunter ohne Würdigung und angemessene Meriten.

Oft leiden diese Führungskräfte unter einer Art Betriebsblindheit im privaten Bereich. Sie bekommen mitunter gar nicht mehr mit, wie ihre Ehe dahinsiecht: Im Job lernten sie stets fokussiert zu denken, und so geben sie der Lösung aktueller beruflicher Herausforderungen im Zweifel den Vorzug vor schwelenden Dauerkonflikten an der Heimatfront. Ein Unternehmensberater meint:

> *»Die sagen sich, es ist momentan gar nicht sinnvoll, dass ich mir Gedanken über meine Beziehung mache – bis es zu spät ist.«*

Für immer mehr Frauen ist das längst nicht mehr der richtige Weg. Irgendwann lässt sie ihn bei abendlichen Repräsentationsterminen im Stich und fängt an, ihr eigenes Leben zu leben. Personalberater Frank Beyer:

> *»Wir erleben immer häufiger, dass Manager Karriere-chancen nicht wahrnehmen, weil die Familie Druck macht.«*

Mittlerweile spricht man vom »Wachstumsfaktor Familie«. Nachhaltige Familienpolitik soll vieles richten, was Jahrzehnte verschlafen wurde: die Geburtenrate erhöhen, die Frauenerwerbstätigkeit steigern und die Bildungschancen der Kinder erhöhen – und auch noch die Wirtschaft ankurbeln. Die Zahl der Initiativen ist groß, vom anfangs umstrittenen Ausbau der Krippenplätze über Wiedereinstiegsprogramme für Frauen, mehr Ganztagsschulen, Förderung von Betriebskindergarten bis hin zur Steuererleichterung für Haushaltshilfen.

Sogar der Anteil der Väter, der sich eine Auszeit für den Nachwuchs nimmt, ist durch das 2007 eingeführte Elterngeld bis Anfang 2009 von 3,5 Prozent auf über 16 Prozent rapide gestiegen. Erstmals nach 10 Jahren ist die Geburtenrate wieder gestiegen. Und jetzt müssen Unternehmen damit rechnen, dass nicht nur Mütter, sondern verstärkt auch Väter eine familienbedingte Auszeit nehmen. Also dürfte das Kinderkriegen jetzt nicht mehr nur als »Nachteil« der weiblichen Beschäftigten gesehen werden.

Vorbild ist unser Nachbarland Frankreich, wo die Geburtenrate mit zwei Kindern pro Frau einen europäischen Höchstwert erreicht hat. Weil dort der Staat nicht so schnell Krippen ausbauen kann wie der Nachwuchs purzelt, setzt die Regierung verstärkt auf private Krippenbetreiber, die versprechen: »Glückliche Kinder, sorgenfreie Eltern, motivierte Arbeitnehmer«. Umgekehrt will man hierzulande erst mal genügend Betreuungsmöglichkeiten schaffen, um die Geburtenrate zu steigern.

Durch den in Deutschland bis 2013 angestrebten Ausbau der Kinderbetreuung für die unter Dreijährigen soll die Betreuungsquote auf 35 Prozent erhöht werden, das heißt jedem dritten Kleinkind wird ein Betreuungsplatz zur Verfügung stehen.

Aktuell liegt die auswärtige Betreuungsquote von Kindern unter drei Jahren bei 9 Prozent und damit weit unter dem Durchschnitt in der OECD (mit 23 Prozent). Zum Vergleich: In Dänemark sind zwei Drittel der Kinder dieser Altersgruppe in der Kinderkrippe. Es gibt viel zu tun ...

Rabenmütter

Wie in keinem anderen EU-Land hält sich aber noch immer bei uns das Stigma von der »Rabenmutter«. Vor allem in den alten Bundesländern herrscht überwiegend die Meinung, Vorschulkinder litten unter der Berufstätigkeit der Mutter. Kleine Kinder gibt man nur ungern in die Obhut von privaten Tagesmüttern oder einer öffentlichen Tageseinrichtung.

Experten sind dagegen sicher, dass eine Berufstätigkeit dem Aufbau einer sicheren Mutter-Kind-Bindung nicht wirklich im Wege steht. Sie finden, dass es weniger darauf ankommt, wie viele Stunden eine Mutter mit ihrem Kind verbringt, als darauf, wie diese Zeit genutzt wird und wie zufrieden die Mutter mit ihrer Rolle als Berufstätige und/oder Hausfrau ist.

Arbeitsteilung in der Familie

Es geht vor allem darum, wie die Arbeitsteilung zwischen den Partnern aussieht, nämlich wer das Geld verdient und wer sich um »Haus und Hof« – also um Hausarbeit und Kindererziehung – kümmert. Mögliche Varianten:

- Einer arbeitet, einer hütet Haus und Kind, eventuell plus Teilzeitarbeit.
- Beide arbeiten voll, die Kinder werden »extern« betreut.
- Beide arbeiten Teilzeit und teilen Familienarbeit partnerschaftlich.
- Einer arbeitet voll oder Teilzeit und übernimmt Familienarbeit oder nimmt staatliche Leistungen in Anspruch (Alleinerziehende oder Einelternfamilie).

Jede Menge Abwandlungen und Mischformen sind natürlich möglich – mit oder ohne Trauschein, gemischt- oder gleichgeschlechtlich, unter einem Dach oder auf Distanz. Schließlich: Weil der globalisierte Arbeitsmarkt es so will, führt etwa ein Viertel der Akademiker mehr als einmal im Leben eine Fernbeziehung, das schätzen Experten der Universität Eichstätt.[7]

Vor allem im Alter zwischen 30 und 40 Jahren pendeln nicht nur Spitzenkräfte, sondern durchaus auch Handwerker und gefragte Spezialisten jeder Art regelmäßig zwischen München und Hamburg, Leipzig oder Aachen zu ihrem »Lebensabschnittspartner« mit oder ohne Anhang. Weil der ständige Wechsel zwischen Abschied und Wiedersehen mit der Zeit zermürbend wird, lässt das Leben aus dem Koffer leider viele Beziehungen scheitern.

Wer seine große Liebe findet, sollte sie fragen, wie sie es denn mit der Karriere hält. Welche Powerfrau will heute noch ihrem Liebsten den Rücken freihalten – lieber stellt sie sich mit ihren eigenen Berufsambitionen daneben. So gibt es immer mehr Paare, die ganz bewusst den beruflichen Erfolg wollen und sich für den Partnerschafts-Deal entscheiden: Beide arbeiten voll und beide übernehmen auch Familienarbeit.

Dual Career Couples (DCCs):
Zwei Partner – zwei Karrieren

Für Dual Career Couples, also Doppelkarriere-Paare, ist dies typisch: Beide Partner sind hochqualifiziert und beide wollen beruflich erfolgreich sein, aber auch Kinder und/oder ein intensives Familienleben gehören zum Lebensplan dazu. Hier wollen die Partner nicht nur ihren persönlichen Erfolg optimieren, sondern sich Lebensqualität sichern. Sie suchen Selbstverwirklichung, wollen stolz sein auf ihre Leistung, achten aber auch auf immaterielle Werte: Wichtig ist ihnen Selbstachtung, Anerkennung durch den Partner, größerer Zusammenhalt, verbessertes Kräftegleichgewicht und mehr Autonomie als bei »normalen Paaren«.

Der Trend ist erkennbar: Diese Paare bilden inzwischen die Mehrheit des hochqualifizierten Manager-Nachwuchses: Bei den Führungskräften im Alter von 30 bis 40 Jahren leben bis zu 90 Prozent inzwischen in einer Doppelkarriere-Partnerschaft, schätzt Michel Domsch, Professor am Institut für Personalwesen und Internationales Management der Universität Hamburg.[8] Von allen berufstätigen Paaren machen sie immerhin schon einen Anteil von 15 bis 20 Prozent aus. Man findet sie vor allem in der Wissenschaft, freien Berufen und im Management großer Firmen.

Viele Hochqualifizierte haben dieses Familienmodell durch zeitweise Berufstätigkeit im Ausland erlebt und dort bei anderen bewundert, wie selbstverständlich sie Doppelkarriere und Kinder unter einen Hut bekamen. Das Besondere und auch das Anstrengende bei den DCCs: Die Partner handeln immer wieder aufs Neue aus, wer von beiden die nächste Stufe der Karriereleiter erklimmt. Weil beide gutes Geld verdienen, sind sie wirtschaftlich unabhängig voneinander und können eine Beziehung auf Augenhöhe führen. Noch dazu wünschen sich die meisten eine partnerschaftliche Beziehung und eine gleichberechtigte Aufteilung von Familien- und Erwerbsarbeit.

Dass das – auch auf Dauer – funktionieren kann, hat eine Studie der Bertelsmann-Stiftung[9] bestätigt. Viele der DCC-Powerpaare sind mit ihrem Lebensmodell sehr zufrieden, wenn sie den organisatorischen Balanceakt zwischen Beruf und Familie gut bewältigen und sie sich ein gut funktionierendes Netzwerk von Unterstützern aus den Herkunftsfamilien, dem Freundes- und Kollegenkreis oder professionellen Hilfsangeboten aufgebaut haben und regelmäßig pflegen. Gerhard S. (36), Diplom-Ingenieur und Vater von drei Kindern:

> *»Ich habe nie eine andere Form von Beziehung gesucht. Ich habe mir nicht vorstellen können, in einer traditionellen Ehe zu leben. Es hat etwas Entlastendes, wenn man zu zweit dafür sorgt, dass die Familie ihr Auskommen hat …*
>
> *Problemfelder sind der hohe Abstimmungsbedarf, den man untereinander hat, und sicherlich auch der Verzicht auf Freizeitaktivitäten. Das geht nur, wenn es vorher organisiert ist. Sport treiben kann man nur zu Zeiten, wo jemand auf die Kinder aufpasst, und manches andere fällt auch weg, was man spontan mit Arbeitskollegen oder Freunden machen würde. Nur, man leidet nicht so darunter. In dem Augenblick, wo man zu Hause ist und die Kinder einen begrüßen, hat man das zur Hälfte vergessen, die andere Hälfte bleibt vielleicht … Das Schlimmste, was ich empfinde, ist immer die Müdigkeit, man kommt mit dem Schlafen nicht nach. Das ist eigentlich das Schlimmste.«*

Herausforderungen für die neuen Erfolgreichen sind immer noch die alten Rollenmuster und Erwartungen. Es sind vor allem:

■ Das Problem der Kinderbetreuung, vor allem auch zu
ungewöhnlichen Zeiten jemanden zu finden;
■ starre Karrierewege in Unternehmen mit dem Zwang,
am Arbeitsplatz zu sein, auch wenn man nicht besonders
produktiv ist – die so genannte »Anwesenheitskultur«;
■ und immer wieder: das ständige Ringen um Zeit.

Ohne eine gut geölte Dienstleistungsmaschinerie und ein
brillantes Zeitmanagement ist es überhaupt nicht möglich,
zwei Top-Jobs mit einem einigermaßen funktionierenden
Familienleben zu vereinbaren. Dazu müssen DCCs erhebliche finanzielle Mittel investieren in Kinderfrauen,
Babysitter, Haushaltshilfen, Einkaufsservices und andere
Unterstützungsleistungen.

> *Beispiel Familie W.: 1000 Euro bekommt die Kinder-
> frau, die nachmittags die zwei und neun Jahre alten
> Kinder betreut. Dazu kommen 400 Euro für die Haus-
> haltshilfe, 100 Euro für das Mittagessen in der Schule,
> außerdem 300 Euro für die KiTa des kleinen Sohnes.
> Zusammen sind das 1800 Euro monatlich.*

Aber nicht nur finanziell ist der Preis für eine Doppelkarriere hoch. Ungemach droht durch Arbeitsüberlastung oder
auch Rollenkonflikte (»Was geht jetzt vor, die Familie oder
die Firma?«), zu wenig Zeit für die Partnerschaft oder auch
Frust wegen zu langsamen Vorwärtskommens auf der Karriereleiter beziehungsweise zu wenig Zeit für den Beruf.
Letzteres ist überall da vorprogrammiert, wo die Einkommen nicht hoch genug sind, dass sich beide Partner volles
Engagement im Beruf beziehungsweise die privaten Dienst-
leistungen für die Familie leisten können: Dann sind aus finanziellen Gründen beide berufstätig und jedenfalls unzufrieden und überfordert mit den beruflichen und familiären
Anforderungen.

Zeit – das höchste Gut

Das kritische Gut der doppelberufstätigen Paare mit Kindern ist vor allem die Zeit. Zeitmanagement ist die Schlüsselkompetenz, hier klaffen Wunsch und Wirklichkeit am stärksten auseinander: Mehr als die Hälfte der Männer und ein Drittel der Frauen wünschen sich, weniger zu arbeiten, aber mehr Zeit für die Kinder und den Partner zu haben.

> *»Sie wollen keine Karriere um jeden Preis, vor allem nicht auf Kosten der Kinder«,*

glaubt Kathrin Walther von der Europäischen Akademie für Frauen in Politik und Wirtschaft. DCCs schlagen deshalb auch schon mal ein attraktives Stellenangebot aus oder verzichten auf einen Ortswechsel, führen zeitweise eine Pendelbeziehung, um den Kindern den Schulwechsel zu ersparen.

Familiäre Arbeitsteilung zwischen Mann und Frau

Wer allerdings glaubt, dass zumindest die Arbeitsteilung daheim inzwischen partnerschaftlicher verteilt ist, muss sich auch eines besseren belehren lassen: Auch bei Paaren, die die Haushaltsaufgaben partnerschaftlich organisieren wollen, kommt es meist nach der Geburt des ersten Kindes zu einem Rückfall in die traditionelle Rollenteilung. Zwar haben erfreulicherweise heute viele Männer ein engeres Verhältnis zu ihren Kindern, als das früher üblich war. Sie spielen mit ihnen, bringen sie in den Kindergarten oder abends zu Bett. Andererseits sind es heute immer noch die Frauen, die den mit Abstand größten Teil der Kinderversorgung und -erziehung übernehmen. Eine Verbesserung der Bildung, Erwerbs- und Karrierechancen führt nicht zwangsläufig zu einer partnerschaftlichen Organisation des Alltags.

Die Leiden der Männer

Nicht nur die Frauen leiden unter dieser Karriere-Stress-Situation, Männer tun es genauso – in welcher Beziehungskonstellation sie auch leben mögen. Bei immer weniger Paaren ist es so, dass *er* hinaus ins feindliche Leben zieht, während *sie* die Familie managt und ihr Selbstbewusstsein aus seinen Erfolgen zieht.

Spätestens seit Frauen mehr als die Hälfte aller Uni-Absolventen stellen, melden sie massiv Ansprüche an: nach partnerschaftlicher Aufteilung der Hausarbeit, nach Mithilfe bei der Erziehung und nach einem eigenen Job, einer eigenen Karriere. Die meisten Frauen wollen nicht mehr, dass seine Karriere ihr Wohlstand und Status garantiert und ihre Aufopferung im Hintergrund seine Leistungskraft sichert.

Aber gleichzeitig steigen die Anforderungen an Männer im Berufsleben ständig. Egal, ob man eine Top-Karriere machen will oder einfach nur im Job mithalten muss – man(n) muss immer mehr leisten und dabei immer längere Arbeitszeiten in Kauf nehmen.

Angesichts der immer weiter gehenden Forderungen nach Flexibilität und Mobilität werden in diesen unruhigen Zeiten viele Berufstätige in einem Zweifrontenkrieg zwischen Job und Privatleben aufgerieben – und zwar nicht nur Frauen.

Sie erleben es als zunehmend schwierig, den immensen Anforderungen des Berufslebens gerecht zu werden, ohne die Familie zu vernachlässigen. Für die einen besteht der Ausweg darin, ganz auf Kinder zu verzichten, die anderen bemühen sich, den Spagat zwischen Karriere und Kindern zu schaffen.

Zielkonflikte

Schließlich ist der Alltag vieler Frauen und Männer durch schier unlösbare Zielkonflikte geprägt: Das Privatleben steht gegen die beruflichen Ambitionen, die Karriere kontra Ehe, die Vertriebstagung gegen das Fußballturnier des Sohnes, sogar die Betriebsfeier gegen den Elternabend. Volker 48 Jahre alt, Chef einer Werbeagentur:

> *»Ich glaube einfach, dass unsere Zeit so kurzlebig ist und auch genauso die Werbung, dass eine Aufgabenstellung vonseiten des Kunden eine ganz schnelle Reaktion vonseiten der Agenturen heute bedeutet. Wir sind Dienstleister und haben uns entsprechend an den Kunden zu orientieren und einzustellen und die Leistung auch zu erbringen. Ich glaube, die Qualität und die Leistung, die der Kunde abfordert, endet in Stress, Rücksichtslosigkeit dem Mitarbeiter gegenüber und auch innerhalb der Ehe, der Partnerschaft. Die Arbeitszeit sind effektiv 10 Stunden. Das ist eine Menge. Das Agenturleben mit dem Kunden, mit den Mitarbeitern, mit Sicherheit zwischen 12 und 14 Stunden – pro Tag. Für Familie bleibt das Wochenende.«*

So entwickelt sich – wenn man nicht daran denkt und nicht darüber spricht – mitunter ein Dauerstreit zwischen Mann und Frau, der im schlimmsten Fall in immer wieder gebrochenen Versprechen, faulen Kompromissen und schließlich der Trennung endet.

Väter zwischen Karriere und Familie

In einer Online-Studie der IGS Organisationsberatung GmbH, des Managementportals MWonline GmbH, des Softwareunternehmens Staffadvance GmbH und der Wirtschaftswoche wurden zum Thema »Väter zwischen Karriere und Familie« 1078 Väter befragt. Demnach sahen sich 71 Prozent der Väter in einem Konflikt zwischen familiären Anforderungen und Karriere. Bei einem Großteil der Befragten kommen dabei die Familie und die eigenen Interessen zu kurz. Das Gefühl der Überforderung durch die Anforderungen, die an sie gestellt sind, kennen über 90 Prozent. Die Befragung fand 2005 statt, also deutlich bevor durch die Krise die Anforderungen nochmals verschärft wurden.

Der Vater fühlt sich häufig aus der Familie ausgeschlossen, die Kinder kennen ihren Vater kaum und die partnerschaftliche Beziehung der Eltern bleibt häufig auf der Strecke. Ein Vater, der Alleinverdiener ist, sitzt zwischen allen Stühlen: einerseits die Familie alleine zu finanzieren und sich deshalb im Job zu engagieren, und auf der anderen Seite die Anforderung, als Vater präsent zu sein und sich an der Kindererziehung zu beteiligen.

In der Studie gaben 42 Prozent der Väter an, weniger als 10 Stunden pro Woche aktiv mit ihren Kindern zu verbringen. 87 bis 89 Prozent sehen sich dem Wunsch der Partnerin und der Kinder gegenüber, mehr Zeit mit der Familie zu verbringen. Die Mehrheit der Väter (82 Prozent) teilt diesen Wunsch auch, und zirka die Hälfte der Väter hat wegen der Familie schon einmal auf einen Karriereschritt verzichtet.

Elternzeit für Väter

Trotz der rasanten Steigerung der Väter, die inzwischen Elternzeit nehmen, wagen noch immer viele Väter den Schritt in die Elternzeit nicht, weil es häufig einfach nicht umsetzbar scheint. Zwar steht Vätern, die in Betrieben mit mehr als 15 Mitarbeitern arbeiten, ein Recht auf Teilzeit zu. Aber wer wegen Kindern die Karriere aussetzt, muss befürchten, schnell »weg vom Fenster« zu sein oder seinen Job letztlich ganz zu verlieren, auch wenn dieser ihm gesetzlich nach der Elternzeit wieder zusteht. Noch immer fehlt es vielerorts an realistischen Möglichkeiten, beides zu vereinbaren. Das Bewusstsein über die Wichtigkeit von Vätern für die seelische Entwicklung des Kindes ist gerade erst im Entstehen und daher das Ansehen von Vätern, die Elternzeit nehmen, noch nicht so hoch, wie es sein könnte und sollte.

Und was zahlen Kinder für das starke berufliche Engagement des Vaters?

Die seelischen Kosten der Kinder

Lange glaubte man, dass Mütter zur erfolgreichen Erziehung von Kindern vollkommen ausreichen. In den letzten Jahren wurden jedoch zunehmend Studien veröffentlicht, die zeigen, dass der Vater eine wesentliche Rolle für die Entwicklung des Kindes spielt. So besteht ein deutlicher Zusammenhang zwischen der Abwesenheit des Vaters mit Verhaltensauffälligkeiten, psychischen Störungen und Kriminalität bei Kindern und Jugendlichen. Zirka 70 Prozent der straffälligen Jugendlichen und zirka 85 Prozent der Kinder, bei denen gravierende psychische Störungen festgestellt wurden, sind in einer Familie ohne Vater aufgewachsen.[10] Sicher kann man die Abwesenheit des Vaters nicht alleine für die Probleme der Kinder verantwortlich machen. Verhaltensauffälligkeiten sind immer das Ergebnis einer Vielzahl von Faktoren, die zusammenspielen. Aber die Zahlen zeigen klar, dass die Rolle des Vaters wichtig für die Entwicklung des Kindes ist. Angesichts zunehmender Kriminalität und Verhaltensauffälligkeiten bei Kindern und Jugendlichen scheint es für die Entwicklung einer gesunden Gesellschaft dringend notwendig, die Position des Vaters wieder zu stärken und es den Männern auch praktisch zu ermöglichen, Vater zu sein – ebenso, wie es Frauen möglich sein muss, Familie und Beruf zu vereinbaren.

Rollback?

Weil die Situation für viele Väter so schwierig ist, sehen manche den Ausweg in einem Rückgriff auf die traditionellen Geschlechterrollen: Vater im Job, Mutter zu Hause. Für sie hat der Eigentümer des Londoner Edelkaufhauses Harrods, Mohamed al Fayed, recht, wenn er sagt:

> *»Familie und Beruf sind nicht vereinbar, sie schließen sich gegenseitig aus.«*

Oder wie es eine mit einem viel beschäftigten Consultant verheiratete Frankfurter Ärztin beschreibt:

> *»Wenn er am Wochenende nach Hause kommt, verhält er sich wie ein typischer Unternehmensberater. Er fliegt ein, macht ein paar Verbesserungsvorschläge und reist am Sonntagabend dem nächsten Auftrag hinterher.«*

Kann man die Zahnpasta wirklich wieder in die Tube zurückdrücken, ohne sich klebrige Finger zu holen – oder braucht es ein neues Gefäß? Und wie kann diese neue Beziehungs- und Familiennorm aussehen? Oder wird es nicht eine ganze Reihe von verschiedenen Beziehungs- und Rollenmustern geben? Wahrscheinlich läuft es auf eine Differenzierung hinaus: Es wird sowohl das eine wie das andere geben, in unterschiedlichen Ausprägungen. Die derzeitige Tendenz geht aber wohl in Richtung Doppelkarrieren und Zweiverdienermodell.

Karriere als Partnerschaftsstabilisator

Ein großer Vorteil der Doppelkarrieren: Wo beide Partner an Berufs- und Familienwelt teilhaben, ist gegenseitiges Verständnis eher möglich und Unterstützung oft sehr stark ausgeprägt und stabilisiert die Partnerschaft. Der Pädagoge und Psychologe Wassilios Emmanuel Fthenakis:

> *»Wenn beide erwerbstätig sind und beide alles gemeinsam erledigen, dann fördert diese Komponente die Gemeinsamkeit. Und sie liefert die Grundlage für das gesuchte Glück in der Ehe.«*

Er glaubt, dass die Beziehung leidet, wenn Partner eigentlich Gleichberechtigung wollen, aber nach der Geburt eines Kindes gezwungenermaßen wieder traditionelle Rollen einnehmen. Und er findet nicht, dass ein zu Hause verbleibendes Elternteil unbedingt die überlegenen Bedingungen für das Kind bietet.

Illusion familienfreundliche Arbeitswelt?

Der Albtraum aller berufstätigen Eltern: Ist die Tagesmutter krank oder macht der Kindergarten Betriebsausflug, muss außerplanmäßige Kinderbetreuung organisiert werden. Diesen Service übernimmt zum Beispiel in Frankfurt am Main »Kids & Co.«, ein Angebot der Commerzbank in Zusammenarbeit mit dem »pme Familienservice«.

»Kids & Co.« ist Teil eines Baukastensystems, zu dem auch Zuschüsse für Kinderbetreuungskosten, kostenfreie Beratungs- und Vermittlungsleistungen, Unterstützung bei der Pflege schwer erkrankter Kinder sowie eine Kindertagesstätte mit flexiblen Öffnungszeiten gehören.

Auch für das Unternehmen bringt das Vorteile: Die betrieblich geförderte Kinderbetreuung rechnet sich, denn alleine über den vermiedenen Arbeitsausfall entstehen deutliche Einspareffekte. Rainer Dahms, Leiter Policies & Guidelines im Zentralen Stab Human Resources der Commerzbank AG sagt:

> »Wir haben die Erfahrung gemacht, dass Mitarbeiterinnen und Mitarbeiter, die ihre eigenen Vorstellungen von Beruf und Privatleben umsetzen können, motiviert, konzentriert und kreativ an ihre beruflichen Aufgaben herangehen. Dies macht sich in vielen Feldern – nicht zuletzt im Kontakt mit Kunden – wirtschaftlich positiv bemerkbar.«

Bundesweit vermittelt der »pme Familienservice« (Partner für Effizienz) mehr als 10 000 Eltern Hilfen, um die Work-Life-Balance zu ermöglichen.

Noch sind Familien gezwungen, sich an den Rhythmus der Arbeitswelt anzupassen. Petra Lendendecker vom Verband deutscher Unternehmerinnen sieht immer mehr Anzeichen dafür, dass der Markt Druck macht, Arbeitszeiten und -strukturen familienfreundlicher und flexibler zu gestalten. Es gebe bereits Betriebe, in denen für Führungskräfte die starren Arbeitszeiten aufgehoben seien und Mütter ohne vorherige Absprache kommen und gehen könnten, denn mittelständische Unternehmen hätten ein großes Interesse daran, gute Mitarbeiter zu halten.

Die Kosten für flexible Arbeitszeitkonzepte, Telearbeit oder die Vermittlung von Betreuungsangeboten sind deutlich geringer als die durch Neubesetzung, Fehlzeiten, Überbrückungszeiten und Fluktuation verursachten Kosten.

Natürlich würdigen auch die Mitarbeiter das Firmenengagement. Das ist günstig für die Nachwuchsgewinnung und bringt Imagegewinn beim Kunden.

Familienfreundlichkeit soll langsam aber auch ein Markenzeichen der deutschen Wirtschaft werden. Das bisherige Engagement vermeldet folgende Zahlen:

▪ Mehr als 2500 Betriebe sind im Unternehmensnetzwerk »Erfolgsfaktor Familie« engagiert.
▪ In über 600 »Lokalen Bündnissen für Familie« setzen mehr als 5000 Betriebe zusammen mit unterschiedlichen gesellschaftlichen Gruppen (Vereine, Verbände, Gewerkschaften, Kirchengemeinden, freie Träger, Initiativen) auf lokaler Ebene familienfreundliche Politik um.
▪ Mehr als 600 Unternehmen, Institutionen und Hochschulen nutzen das audit »berufundfamilie« der Hertie-Stiftung. Das audit »berufundfamilie« hat zum Ziel, Unternehmen dabei zu unterstützen, eine familienbewusste Personalpolitik nachhaltig umzusetzen. Das audit gilt als strategisches Managementinstrument zur besseren Vereinbarkeit von Beruf und Familie und wird von allen Spitzenverbänden der deutschen Wirtschaft empfohlen. Ziel ist dabei, familienfreundliche Potenziale im Unternehmen zu entdecken und zu entwickeln, die sich auch unter einem betriebswirtschaftlichen Blickwinkel rechnen.

Beispiel: VAUDE Sport

Antje von Dewitz ist Leiterin der Marketingabteilung des schwäbischen Outdoor-Herstellers VAUDE. Sie hat den Betrieb vom Vater übernommen und zu einem familienfreundlichen Unternehmen umgestaltet, inklusive Kinderbetreuung und Teilzeitjobs – mit deutlichem Erfolg: »Jetzt haben wir einen Kinderboom. Und viele Frauen in Führungspositionen.«

»Die Errichtung des Kinderhauses hatte zum einen personalpolitische Gründe: Bei einem Frauenanteil von 67 Prozent bei VAUDE schieden in der Vergangenheit

jedes Jahr mehrere Mitarbeiter gleichzeitig wegen Elternzeit aus dem Unternehmen aus. Der Verlust an wertvollem Know-how und hohe Kosten für die Neubesetzung der freigewordenen Stellen waren die Folge. Darüber hinaus sieht sich VAUDE seit jeher als familien- und kinderfreundliches Unternehmen: Sei es die Unterstützung diverser Kinder-Einrichtungen im Umkreis, sei es das Bemühen, VAUDE-Müttern den Wiedereinstieg durch die Schaffung von Teilzeitarbeitsplätzen zu ermöglichen, oder sei es einfach die Tatsache, dass drei bis vier Kinder bei den Führungskräften nicht außergewöhnlich sind. Für VAUDE ist das Kinderhaus ein bedeutender Schritt auf dem Weg, Beruf und Familie beziehungsweise Beruf und Privatleben in allen Bereichen des Arbeitslebens in Einklang zu bringen. Im Bundesprojekt »Familie & Beruf« der gemeinnützigen Hertie-Stiftung ließ sich das Unternehmen auf die dafür notwendigen Voraussetzungen auditieren und bekam 2001 das Grundzertifikat verliehen. In den folgenden drei Jahren muss VAUDE weitere Ziele umsetzen, um das endgültige Zertifikat zu erhalten, das wiederum alle drei Jahre überprüft wird.«[11]

Der Ausblick scheint optimistisch, aber eben auch widersprüchlich: 84 Prozent der Top-Manager in Deutschland sind der Meinung, dass es der Gesamtwirtschaft nutzt, wenn Unternehmen familienfreundlicher sind. Aber: 70 Prozent der jungen Väter sagen, dass es nicht möglich ist, ihre Arbeitszeit zugunsten der Familie zu reduzieren.[12]

Zum Weiterlesen

Fischer-Appelt, C., Schönpflug, T.: Family Business – Das Buch für Eltern, die nicht perfekt sein wollen. Heidelberg 2007

Horx, M.: Wie wir leben werden. Frankfurt am Main 2005
Verband berufstätiger Mütter e.V. (VBM): Das VBM-
    Dschungelbuch – Leitfaden für berufstätige Mütter und
    solche, die es (noch) werden wollen. 7. Aufl., Köln 2009
Walther, K., Lukoschat, H.: Kinder und Karrieren: Die
    neuen Paare. Gütersloh 2008

Bedenkenswerte Fragen

- Was macht Sie wirklich zufrieden?
- Was brauchen Sie, um ganz aus sich herauszugehen?
- Wie, wo, durch was, mit wem tanken Sie am besten (wieder) auf?
- Was ist Ihr Schutzraum, wohin flüchten Sie, wenn es unerträglich wird? Wann, wo, mit wem fühlen Sie sich geborgen?
- Was ist Ihr Lieblingsventil zum Dampfablassen?

Zum Weiterdenken

- »Es ist nicht genug zu wollen. Man muss es auch tun.« (Johann Wolfgang von Goethe)
- »Wer überall sein will, ist nirgendwo zu Hause.« (Seneca)
- »Offensichtlich ist Freizeit nur für Menschen reserviert, die ihren Beruf als Arbeit ansehen.« (Rolex-Werbung)

Zum Weiterklicken

http://vaeter-und-karriere.de
Aktuelle Informationen zum Thema »Väter und Karriere«, brauchbare Instrumente, um die Potenziale der Väter in Ihrem Betrieb zu nutzen. Beispiele für »gute Praxis« hinsichtlich der Förderung von Vätern in Betrieben.

http://www.kinder-machen-vaeter.de
http://www.familienservice.de
http://www.beruf-und-familie.de
http://www.impulstagung.de
www.utopia.de
www.konsumguerilla.net
www.transfair.de

2. Berufswelt mit Risiken und Nebenwirkungen

»Die Klugen fressen die Dummen,
die Starken fressen die Schwachen,
die Schnellen fressen die Langsamen.«
Anonym

Kein Zweifel: Unsere Gesellschaft und vor allem unsere Wirtschaft sind in Bewegung geraten, in heftige Bewegung. Die Veränderungen scheinen sich manchmal zu überschlagen: Was gestern galt, gilt heute nicht mehr. Und ob das, was heute gilt, auch morgen noch gilt, ist höchst fraglich. Klar, dass die ungewisse Zukunft vielen Angst macht – gerade in Zeiten einer Weltwirtschaftskrise.

Dass die Berufswelt kein lieblicher Rosengarten ist, ist ebenso klar. Eine gute und stimmige Berufstätigkeit fällt niemandem zu, sondern sie kostet jede Menge Kraft, Selbstdisziplin und immer wieder Selbstreflexion, Rückblick, Voraussicht und Planung. Es ist eine Kunst, die Gratwanderung hinzubekommen zwischen sich fordern und sich überfordern.

Es ist nicht einfach, Arbeitstag für Arbeitstag gut zu bewältigen und dabei nicht nur zu funktionieren, sondern daran auch noch Spaß zu haben, einen Sinn in seiner Tätigkeit zu sehen und auch noch Erfolg zu haben. In Krisenzeiten die alltäglichen Niederschläge nicht nur wegzustecken, sondern zu verarbeiten und daraus zu lernen, das gelingt nicht immer und nicht jedem. Das ist eine hohe

Kunst – vor allem in dem Hochgeschwindigkeits- und Hocheffizienz-Druck von heute.

Der größere Teil der arbeitenden Bevölkerung leidet unter den vielfältigen Anforderungen des Berufslebens – und das je mehr, umso höher man auf der Karriereleiter steigt. Dabei nimmt für viele der Stress nicht nur wegen der zunehmenden Arbeitsbelastung zu, sondern auch wegen des zunehmenden Risikos, arbeitslos zu werden. Überhaupt nehmen immer kürzere Anstellungsverhältnisse und Zeitverträge zu, bei denen man bangen muss, ob sie verlängert werden. So sind viele Karriere-Jobber in einem dauernden Erregungszustand, was zu chronischem Stress führen kann. Und wenn man eine feste Stelle hat, sieht der Stress ganz anders aus: Man wird gar nicht selten mit Arbeit so zugebaggert, dass man oft chronisch am Limit arbeitet.

Die Berufsgenossenschaft für Gesundheit und Wohlfahrtspflege (BGW) unterscheidet vier Arten von Stressoren, die dabei eine Rolle spielen:

- Stress durch die *Arbeitsaufgaben* selbst: Menge der Arbeit, Zeitvorgaben, Präzisionsanforderungen etc.
- Stress durch die *Arbeitsumgebung:* räumliche Beengung am Arbeitsplatz, Geräuschkulisse, Lichtverhältnisse etc.
- Stress durch die *Arbeitsorganisation:* »ins kalte Wasser« geworfen werden, unklare Zielvorgaben und Fehlen der notwendigen Hilfsmittel und Ansprechpartner etc.
- Stress durch die *sozialen Beziehungen:* unklares Führungsverhalten, rüder Umgangsstil zwischen Kollegen, Betriebsklima, Mobbing etc.

Der Anteil der psychischen Erkrankungen bei den Ursachen für Arbeitsunfähigkeit hat sich innerhalb der letzten fünf Jahre verdoppelt. Ein nicht unbeträchtlicher Teil sind so genannte Stresskranke, viele leiden unter Ängsten, Depressionen, psychosomatischen Störungen oder sind ausgebrannt. Oft beginnt es mit Schlafstörungen, Muskelschmerzen, Magen-Darm-Beschwerden – abhängig von der jeweiligen psychosomatischen Achillesferse der Person. Und wenn es keine angemessene Stressbewältigung gibt, hecheln viele nur noch von Urlaub zu Urlaub.

Doch in einer Studie der Universität Tel Aviv an Mitarbeitern aus dem IT-Bereich wurde festgestellt, dass das gute Gefühl, das man nach einem entspannenden Urlaub hat, schon sehr bald wieder aufgebraucht ist. Nach dieser Studie hat ein Urlaub heutzutage gerade noch eine Halbwertszeit von drei Tagen. 72 Stunden nach Rückkehr an den Arbeitsplatz hat sich die Entspannung in Luft aufgelöst, die der Einzelne in den Ferien hatte.[13]

Die langfristigen Auswirkungen von unkontrolliertem Stress können sich ganz unterschiedlich zeigen: Manche werden arbeitssüchtig und kommen nicht mehr runter vom immer schneller drehenden Karriere-Karussell; andere entwickeln seelische Erkrankungen, Ängste, Depressionen oder psychosomatische Störungen, und wieder andere vereinsamen oder brennen gar ganz aus.

In den folgenden Abschnitten stelle ich diese Kosten der Karriere ausführlich dar; denn wer sie kennt, kann für sich in den Blick fassen, welchen Preis er zahlen möchte – und welchen nicht. An erste Stelle setze ich dabei die Arbeitssucht, eine tückische, große und zunehmende Gefahr im Arbeitsleben, der dringlich mehr Beachtung zukommen sollte. Anschließend stelle ich die bekannteren Risiken dar. Zur Verdeutlichung ziehe ich oft Beispiele von Führungskräften oder auch Top-Managern heran: Sie zahlen in der gleichen Währung, werden aber im Vergleich häufiger als andere Angestellte zur Kasse gebeten und zahlen oft sehr hohe Preise.

Arbeit ist das ganze Leben: Arbeitssucht

Für manche Menschen ist ihre Arbeit das Wichtigste im Leben, der zentrale Lebensinhalt. Damit sie Erfolg haben, ist das häufig auch notwendig – zumindest am Anfang. Um aus Chancen Fakten zu machen, wird oftmals der Karriere alles untergeordnet – Partnerschaft, Familie, Freundeskreis, Hobbys – nur, um beruflich weiterzukommen. Was viele vergessen, ist, dass in einer solchen Haltung – wenn sie denn über Jahre hin andauert – viele Gefahren lauern. Eine davon ist Arbeitssucht.

Wenn hier von »Arbeitssucht« die Rede ist, so ist damit nicht jede Arbeit, nicht einmal jede übermäßige Arbeit gemeint. Es geht hier nicht etwa darum, Arbeit oder Fleiß zu diffamieren. Allerdings: In der heutigen Zeit scheint eine immer größere Zahl von Menschen so unter Strom zu stehen, dass sie nicht mehr runterkommen vom Stress. Und das ist der Nährboden, auf dem der »Workaholismus« fast epidemische Züge anzunehmen scheint: Für die USA wird inzwischen sogar schon spekuliert, dass bis zu 49 Prozent der berufstätigen Bevölkerung arbeitssüchtig beziehungsweise arbeitssuchtgefährdet seien. Wie gesagt, spekuliert: In Wirklichkeit gibt es wenig gesichertes Zahlenmaterial über die Verteilung der Arbeitssüchtigen, weder für Deutschland noch für Europa, noch für die USA. Es gibt einige Indikatoren, die in diese Richtung deuten – aber dazu später mehr.

Auch in unseren Breiten bezeichnen sich Politiker und Wirtschaftsbosse von Zeit zu Zeit ganz stolz als »Workaholics« – so als wäre das ein Orden, mit dem man sich gerne schmückt. Und es kommt in Vorstellungsgesprächen gut an, wenn man als Schwäche angibt, dass man »zu viel arbeitet« und »zu ungeduldig« ist. Der Job ist gewiss das ehrbarste aller Suchtmittel.

Aber dies verdeckt, dass Arbeit wirklich süchtig machen kann, süchtig im klinischen Sinn und mit dramatischen Folgen für die Betroffenen und deren Angehörige.

Der Nutzen der Arbeit für die Arbeitenden

Keine Frage – Arbeit hat zuerst einmal und vor allem positive Aspekte: Mit ihr strukturieren wir unseren Tagesablauf und wir geben unserem Leben damit Sinn und Struktur. Zudem sichert die Erwerbsarbeit unsere Existenzgrundlage, sie ermöglicht uns die Teilnahme am gesellschaftlichen Leben und am Konsum. Daneben kommen der Arbeit aber noch zahlreiche weitere positive Funktionen zu, die sie für uns als Menschen unentbehrlich macht:

- Die Arbeit vermittelt uns *Erfolgserlebnisse.*
- Sie stärkt unser *Selbstwertgefühl.*
- In der Arbeit zeigen wir unsere *Kompetenz* und bekommen durch sie *Anerkennung.*
- Wir fühlen uns durch Arbeit *nützlich.*
- Durch die Arbeit erhalten wir *sozialen Kontakt* – nach wie vor wird schließlich eine Vielzahl von Freundschaften, Beziehungen und Ehen am Arbeitsplatz geschlossen.
- Arbeit *strukturiert* unsere Lebenszeit, unseren Tag, unsere Woche, unser Jahr – aber auch den Umgang mit unserer Energie.
- Und vielleicht hinterlassen wir ja damit sogar *eine Spur im Treibsand der Geschichte.*

In der Tat besteht heute Einigkeit darüber, dass die Arbeit vielleicht das zentrale, den Menschen kennzeichnende, Merkmal ist. Als Sigmund Freud einmal gefragt wurde, was seiner Meinung nach ein gesundes Leben ausmacht, hat er kurz und knapp geantwortet: »Lieben und Arbeiten.« Der Begründer der Psychoanalyse hat damit die zentralen Punkte des menschlichen Lebenssinns umrissen. Und da er selbst wohl ein Workaholic war, ist er mit Arbeitssüchtigen gnädig umgegangen.

Klappbett im Büro

Die Grenze zwischen gesunder Freude an der Arbeit und krankhaftem, übertriebenen Einsatz im Beruf ist sicher fließend. Aber wenn man jeden Morgen mit dem Gedanken an seine Arbeit aufwacht, unter der Dusche die Tagesaufgaben für den Job plant, schon beim Frühstück erste Geschäfts-Telefonate führt, um dann nach 16 Stunden am Schreibtisch, in Business-Meetings, im Internet oder bei Conference-Calls, erschöpft nachts ins Bett zu fallen und von der Arbeit zu träumen, ist man vielleicht arbeitssüchtig.

Und Karrierewillige sind besonders anfällig. An der Supermarktkasse und am Fließband wird man seltener arbeitssüchtig als in der Werbeagentur, am Managerschreibtisch oder in der Arztpraxis. In diesen Kreisen wird dann auch mal die Arbeitszeit über Mitternacht ausgedehnt und mitunter schläft der Workaholic dann auch mal im Büro.

Allerdings ist Arbeitssucht nicht auf bestimmte Berufsgruppen beschränkt. Man findet sie beim normalen Business-Mann genauso wie beim Generaldirektor, bei Journalisten ebenso wie bei Pfarrern oder Krankenschwestern.

Das Risiko ist bei Selbstständigen besonders groß: Neben dem Aspekt der Verdrängung persönlicher Konflikte kommen hier häufig noch massive Existenzängste hinzu. Man ist zur Erhaltung der eigenen wirtschaftlichen Existenz auf Aufträge angewiesen und nimmt alles, was man bekommen kann: »Selbstständig heißt, man arbeitet selbst – und das ständig«, heißt der Leidensspruch dazu.

Turbo-Ausbrenner

Was man anfangs nicht merkt: Arbeitssüchtige sind häufig »Heroes just for one night«, gute Sprinter, aber ein wirklich beruflich erfolgreiches Leben ist einfach mehr als eine Abfolge von Sprints. Für ein langfristig befriedigendes Leben muss man lernen, seine Kräfte einzuteilen und sich nicht völlig zu verausgaben. Weil aber gerade das viele Workaholics tun, sind sie »Turbo-Ausbrenner«. Deshalb sind unter den langfristig Erfolgreichen in Wirtschaft und Politik sehr selten echte Workaholics zu finden. Es sind eher Personen, die ihre Kräfte einteilen, aber gerade auch deshalb in der Lage sind, wenn nötig »Zwischensprints« einzulegen.

In Zeiten, wo wegen hoher Personalnebenkosten mit immer weniger Arbeitskräften immer mehr Produktivität erzielt werden soll, ist es nicht verwunderlich, dass die Unternehmen und Organisationen für das Thema »Arbeitssucht« kaum sensibilisiert sind. Viele Unternehmen scheinen im Gegenteil immer noch von dem Gedanken beseelt zu sein, dass der Vielarbeiter gleichzeitig immer auch ein guter Arbeiter ist. Dass dies keineswegs generell angenommen werden kann, haben zahlreiche psychologische Forschungsarbeiten[14] eindrucksvoll unter Beweis gestellt:

- Arbeitssucht hat einen negativen Einfluss auf die *Aufgabenerfüllung*. Betroffene Mitarbeiter halten sich nicht an die Arbeitsteilungen und Kompetenzzuweisungen, sie mischen sich in alles ein, glauben, alles besser zu können.
- Arbeitssucht hat einen negativen Einfluss auf das *Interaktionsverhalten*. Betroffene Mitarbeiter werden zunehmend kommunikationsunfähig, sie ziehen sich zurück, als Vorgesetzte überfordern sie ihre Mitarbeiter, sie delegieren nicht.
- Arbeitssucht hat einen negativen Einfluss auf die *individuelle Leistungsfähigkeit*. Der problematische Ar-

beitsstil führt mit fortschreitender Zeit zu physischen und psychischen Auffälligkeiten, die krankheitsbedingte Abwesenheit nimmt zu, längere Arbeitsunfähigkeit und/oder Frühinvalidität droht.

Leben auf der Überholspur

Wenn die Arbeitslosigkeit drohend aus nicht allzu weiter Ferne winkt, ist es nur zu verständlich, dass es immer mehr Menschen gibt, die 12, 14 oder gar 16 Stunden am Tag arbeiten, und das fünf, sechs oder gar sieben Tage in der Woche: ein Leben auf der Überholspur. Sie kennen kein Privatleben, und Freizeit ist ihnen ein Gräuel. Wer mehr als fünf Stunden schläft, ist für sie ein Penner. Sie können nicht nein sagen und haben die Fähigkeit verloren, richtig auszuspannen.

So dürfen die »Arbeits-Junkies« bei uns noch ziemlich ungehindert ihrer Sucht frönen. Vielfach ernten sie sogar Applaus, wenn sie mit Leitz-Ordnern ins Bett gehen und auch noch im Wartezimmer des Zahnarztes Unterlagen studieren.

Gerd ist langjähriger Kenner der Börsenszene und war viele Jahre Direktor der Börsenabteilung einer großen Bank:

> *»Jeder Tag bringt irgendwie etwas Neues und jeder Tag bringt neue Ideen, neue Einsichten, neue Erkenntnisse. Auf jeden Fall bringt jeder Tag sehr viel Tempo mit sich. Und dieses Tempo beginnt morgens und endet am Abend. Die Börsianer sind immer gehetzt, von einer Minute auf die andere. Ich weiß nicht, ob sich die Geschwindigkeit wesentlich erhöht hat. Es hat immer schon Telefone gegeben. Es hat immer schon Fernschreiber gegeben. Das Tempo hat sich eigentlich nicht erhöht. Das Tempo war immer hoch. Das Volumen hat*

sich erhöht. Und das Volumen bringt natürlich eins mit sich: Die zur Verfügung stehende Zeit wird knapper. Es ist schon ein Unterschied, ob sie im Tempo zehn Orders bearbeiten oder im Tempo 100 bearbeiten müssen. Sie müssen in derselben Zeit einfach mehr leisten. Der dauernde Stress, das ist ja nun etwas lapidar ausgedrückt, aber dieses dauernde in der Verantwortung stehen, das dauernde unter Druck stehen, dies dauernde auf Tempo getrimmt sein, das geht schon irgendwo natürlich auf die Kondition und letztlich auch an die Substanz.«

Ist Arbeitssucht eine verbreitete Sucht?

Die Zahl der Arbeitssüchtigen liegt im Dunkeln. Zumal die Betroffenen meist nichts von ihrer Abhängigkeit ahnen, sondern sich das Deckmäntelchen von Verantwortung, Tüchtigkeit und Terminen überstreifen. Allerdings gibt es Hinweise auf das Ausmaß dieser Sucht. Die VDI-Nachrichten schrieben schon Ende der 1990er Jahre: »Die deutschen Manager sind Workaholics: 65 % von ihnen arbeiten jede Woche mehr als 60 Stunden für ihr Unternehmen. Die Arbeitszeit ihrer Kollegen aus den Niederlanden und Großbritannien liegt meist darunter.«[15]

Suchtkriterien

Sucht ist gekennzeichnet durch ein unabweisbares Verlangen nach einem bestimmten Gefühls-, Erlebnis- und Bewusstseinszustand. Die Suchtziele sind: entweder Lustgefühle herbeiführen und/oder Unlustgefühle vermeiden. Man unterscheidet drei Ebenen der Sucht: 1. körperliche Abhängigkeit, 2. psychische Abhängigkeit, 3. zunehmende Beeinträchtigung der alltäglichen und sozialen Lebensführung.

Auch Arbeitssüchtige haben ein unabweisbares Verlan-

gen nach einem bestimmten Erlebnis-, Gefühls- und Bewusstseinszustand, um die direkte Veränderung der momentanen Befindlichkeit herbeizuführen oder Unlustgefühle zu vermeiden.

Bei allen Suchtkarrieren geht es zu Beginn um das Gleiche: Um Entgrenzung, um Rausch, um Ekstase, um Au-
ßer-sich-Sein, um »Raus aus dem, wie es jetzt ist«. Es geht
um Flucht vor dem als unangenehm erlebten Zustand,
um direkte Veränderung der momentanen Befindlichkeit.
Und das Ziel ist immer ein anderer Gefühls- und Bewusstseinszustand. Aber stimmt das auch für Arbeitssüchtige?
Arbeiten Workaholics wirklich rauschhaft, arbeiten sie
sich regelrecht besoffen? Katharina, eine 28-jährige PR-
Beraterin:

»Es gab eine lange Zeit in meinem Leben, wo ich sehr
große Eile hatte. Das bezieht sich in der Hauptsache
darauf, dass ich, welche Aufgaben ich mir auch stelle,
das im Grunde ein unendlicher Berg wird, jeden Tag
wird das mehr. Habe ich den Tag vorher das geschafft,
dann lade ich mir am nächsten Tag noch mehr auf die
Schultern.

Und was das Faszinierende daran ist, dass ich eine
unwahrscheinliche Euphorie dabei empfinde. Ich spür
eben nichts mehr. Also hab ich auch immer weniger
Hunger, hab immer weniger Müdigkeit und so ... Natürlich ist das nicht unendlich fortsetzbar. Es ist einfach
ein sehr rauschhaftes Gefühl. Konkret hieß das bei mir
zum Beispiel, dass ich 18 Stunden in der Agentur gearbeitet habe an einem Stück bis spät in die Nacht, bis
nachts um vier, tagelang, wochenlang. Das hat überhaupt nicht aufgehört. Aber irgendwann hört es auf.
Das hat einfach sein organisches Ende. Und das ist
dann der totale Breakdown«.

Charakteristika der Arbeitssucht

Der Unterschied zwischen einem Arbeitssüchtigen und jemandem, der einfach nur viel arbeitet, liegt vor allem in seiner *Einstellung zur Arbeit* und in seinem *Arbeitsstil.* Arbeitssüchtige arbeiten fast immer mehr, als man von ihnen verlangt. Sie stellen vor allem sehr hohe (und oft unerreichbar hohe) Anforderungen an sich selbst. Sie sind unfähig, ihre eigenen Leistungen anzuerkennen und mit sich zufrieden zu sein. Stattdessen suchen sie dauernd nach neuen Zielen und Möglichkeiten, sich zur Geltung zu bringen. Sie sind selten im Hier und Jetzt, sondern leben in der Zukunft oder der Vergangenheit.

Arbeitssüchtige arbeiten nicht nur unmäßig, sondern oft auch hektisch und verkrampft. Sie sind ungeduldig und überpünktlich. Sie meinen, nur wenn sie alles allein und selbst machen, werde alles zuverlässig, ordentlich und schnell erledigt. Sie *können keine Arbeit delegieren,* weil sie Wichtiges nicht von Unwichtigem unterscheiden können und einem falsch verstandenen Perfektionismus frönen. Andere etwas tun lassen bedeutet für sie die Kontrolle abzugeben oder zu verlieren. Und *Kontrolle* – oder die Einbildung, alles unter Kontrolle zu haben – ist für den Arbeitssüchtigen lebensnotwendig. Der Grund für die Aktivität vieler Arbeitssüchtiger ist oft ein chronisch schlechtes Gewissen, nicht genügend zu tun. So als dürfe – wie es in einem Sprichwort heißt – nur der essen, der auch arbeitet. Arbeitssüchtige erkämpfen sich sozusagen ihren Lebenssinn durch diese ständige Aktivität: *»Je größer die Löcher in der Seele, umso größer müssen die Perlen in der Krone sein.«*

Eigenschaften von Arbeitssüchtigen

Der amerikanische Psychotherapeut Jay B. Rohrlich
schreibt in seinem Buch »Arbeit und Liebe« Arbeitssüchtigen folgende Eigenschaften zu:

- »Unbehagen gegenüber Eigenschaften wie Gefühl, Fan-
  tasie und Spontaneität.
- Er ist besessen von genauen Definitionen, Zielen, Ver-
  fahrensweisen, Fakten, Listen, Messungen, Methoden,
  Arten des Vorgehens und Strategien. Er kann das ›Un-
  beschreibliche‹ nicht akzeptieren.
- Ein Arbeitssüchtiger ist ein Geschöpf des Aggressions-
  triebes. Konzentration und Disziplin stellen eine Form
  der gegen das eigene Selbst gerichteten Aggression dar.
- Er kann nicht in der Gegenwart leben. Sein Bewusstsein
  ist durch Ziele und Produkte, die Endpunkte eines line-
  aren Arbeitsprozesses, bestimmt.
- Effizienz und Effektivität gehören zur Religion des Arbeitssüchtigen. Ziele müssen in möglichst kurzer Zeit
  mit dem Mindestaufwand an Energie und Zeit erreicht
  werden.«

Kennzeichen von Arbeitssucht

- Der Workaholic ist seinem Arbeitsverhalten völlig ausgeliefert. Das gesamte Denken und Handeln, seine gesamte Vorstellungswelt bezieht sich auf die Arbeit.
- Er hat die Kontrolle über sein Arbeitsverhalten verloren und hat große Schwierigkeiten beziehungsweise ist
  unfähig, Umfang, Dauer und Intensität seines Arbeits-
  einsatzes zu bestimmen.
- Er ist abstinenzunfähig und hält sich für unfähig, kürzere oder längere Zeit nicht zu arbeiten.
- Es treten Entzugserscheinungen bei gewolltem oder
  erzwungenem Nicht-Arbeiten auf. Diese sind meist

psychischer Art (Ängste, Depressionen, Agressionen),
können sich aber auch körperlich zeigen (abhängig von
der individuellen »psychosomatischen Achillesferse«:
Magen-Darm-Probleme,   Herz-Kreislauf-Symptome,
Hautirritationen …).
■ Toleranzentwicklung gegenüber der Menge der Arbeit
ist ein weiteres Kriterium von Workaholics. Das heißt,
um sich einigermaßen wohlzufühlen, muss der Betreffende immer mehr arbeiten.
■ Hinzu kommen oft psychosoziale Probleme.

Bei der Arbeitssucht haben sich also in unserer Leistungsgesellschaft hoch geschätzte Eigenschaften wie Fleiß, Zielstrebigkeit und Ehrgeiz so weit verselbstständigt, dass
folgenschwere Verhaltensstörungen, Depressionen und
psychosomatische Erkrankungen auftreten. Obwohl diese
in ihrer Gesamtheit und ihrem Verlauf das Bild einer
Suchterkrankung zeichnen, wird sie auch von Ärzten
meist verkannt, weil diese gar nicht selten selbst Workaholics sind. Anders aber als bei den bekannten Süchten wird
hier der Süchtige in seinem Verhalten durch Anerkennung
von Bekannten, Kollegen und Vorgesetzten bestärkt. Und
er zieht vielfachen Nutzen aus seiner Sucht.

Die Gefahr der Arbeitssucht ist besonders groß, weil der
»sekundäre Krankheitsgewinn« bei keiner anderen Sucht
so hoch ist wie bei der Arbeitssucht: Keine Sucht hat so
viel Nutzen. Der Workaholic bekommt – neben den skep-
tischen Blicken und dem Kopfschütteln – auch jede
Menge Anerkennung, Bewunderung. Und zudem hat er –
wenigstens im Anfangsstadium – einen materiellen Nutzen
aus seiner Sucht.

Nutzen, den Arbeitssüchtige aus ihrer Sucht ziehen können

Arbeitssüchtige ...

- denken an nichts anderes mehr als an Arbeit,
- können ihre Angst vor dem Nichtstun in Arbeit ertränken,
- erleben immer wieder Neues und Interessantes,
- können alle Launen, allen Unmut durch ihre Arbeitsbelastung erklären und dürfen darüber klagen,
- haben so viel Energie, dass sie nicht stillsitzen und nicht zuhören können,
- stehen ständig unter Strom und dürfen nervös sein,
- dürfen masochistisch sein: viel rauchen, trinken und essen, ihre Gesundheit ruinieren, Raubbau mit ihrem Körper und ihren Kräften treiben,
- dürfen ihren Zwängen nachgeben: Wer einen Waschzwang hat, gilt als neurotisch, wer einen Arbeitszwang hat, gilt als vorbildlich,
- dürfen über Kleinigkeiten meckern (ungeleerte Papierkörbe, unordentliche Schreibtische, Unpünktlichkeit anderer Menschen),
- erheben sich über die Masse der Menschen,
- sind unkooperativ; sie setzen sich gegen andere durch, befriedigen ihren persönlichen Ehrgeiz,
- brauchen keine Selbstdisziplin zu üben: Die anderen richten sich ja nach ihnen,
- akzeptieren die Tatsachen nicht, dass andere Menschen Freizeit oder gar Urlaub brauchen,
- versprechen immer wieder, dass *später* einmal alles anders wird.

Anzeichen von Arbeitssucht

Abhängig von der individuellen psychosomatischen »Achillesferse« können verschiedene Merkmale auftreten:

Körperlich	Psychisch
Kopfschmerzen	Wutausbrüche
Erschöpfung	Unruhe
Allergien	Schlafstörungen
Verdauungsbeschwerden	Verspanntheit
Magenschmerzen	Hyperaktivität
Geschwüre	Reizbarkeit und Ungeduld
Stechen in der Brust	Vergesslichkeit
Kurzatmigkeit	Konzentrationsprobleme
nervöse Ticks	Langeweile
Benommenheit	Stimmungsschwankungen (von Euphorie zur Depression)

Arbeitssucht und Gefühlsleben

Menschliche Schwäche zu zeigen fällt vielen Arbeitssüchtigen besonders schwer. Sie unterdrücken vor allem Gefühle, die ihre Leistungsfähigkeit beeinträchtigen könnten – Müdigkeit, Ärger, Unlust und Verzweiflung. Ein Unternehmer sagt:

> *»Schwach sein ist eine gewisse Leistungsunfähigkeit. Das kann sowohl im beruflichen wie im privaten Bereich vorliegen oder ganz einfach im seelischen Bereich. Unfähigkeit zu trauern ist eine Schwachstelle bei dieser betreffenden Person, die der hat. Ich glaube, das sind Fragen des Gemütszustandes, der Nerven.«*

Hans-Jürgen, ein Journalist und Verleger, meint:

> *»Man hat hochgradige Verluste, eigentlich in allen Le-*
> *bensbereichen. Und das trifft auch für den Freundes-*
> *kreis zu. Das trifft insgesamt für das Gefühlsleben zu.*
> *Das verschwindet immer mehr. Da sind die Verluste*
> *immens, auch wenn man sie zuerst gar nicht mehr mit-*
> *bekommt.*
>
> *Zuletzt wird man doch von anderen drauf gestoßen,*
> *dass man einfach gefühlsmäßig überhaupt nichts mehr*
> *rüberbringen kann zu anderen Menschen. Es ordnet*
> *sich alles dem einen Ziel unter: ›Du willst das schaffen,*
> *du willst das aufbauen, das soll stehen und du musst*
> *dich wehren.‹«*

Arbeitssucht und Beziehungen

Zu den Gemeinsamkeiten von Arbeitssüchtigen gehört
auch, dass ihre Kontakte zu anderen Menschen gestört
sind. Sie »benutzen« die anderen nur, um in ihrem süchti-
gen System voranzukommen, sie funktionalisieren sie.
Alle Beziehungen werden dem Götzen »Arbeit« geopfert.
Kontakte werden nur zu solchen Menschen gepflegt, die
»was bringen«. Ein »abgestürzter« Karrierist sagt im
Rückblick auf seine Karriereambitionen:

> *»Man sucht sich einfach die Freunde aus unter Ge-*
> *sichtspunkten, wie sie für die Karriere von Vorteil sind.*
> *Man ist nicht darauf aus, sich mit den Gedanken und*
> *Ideen und den Interessen der anderen zu treffen ...*
> *Man gibt es auf, Leute zu verstehen, und opfert das*
> *Verständnis für die Karriere.«*

Arbeitssüchtige verachten alle, die nicht so arbeiten wie
sie, und sie versuchen ständig, andere für ihre Ziele einzu-
spannen. Die Mitmenschen werden von ihnen nur in der
Rolle, die für die eigene Arbeitswelt von Bedeutung ist,

erlebt und gesehen, sie werden funktionalisiert. Eine im Umgang mit Arbeitssüchtigen erfahrene New Yorker Psychiaterin meint, dass Arbeitssüchtige entweder *Abstand oder Macht* brauchten. Sie könnten mit zwischenmenschlichen Beziehungen nichts anfangen, weil es einfacher sei, eine Beziehung zur Arbeit aufzubauen als zu einem Menschen, und weil sie bei der Arbeit viel mehr Befriedigung fänden. Gerd, ein 36-jähriger Bankmanager, sagt:

> *»Ich ergänze unheimlich viele Defizite in meinem Leben durch meine Aktivität. Ich denke, ich überarbeite mich oft und arbeite viele Probleme weg von mir. Das ist ganz einfach. Erst mal sieht die Gleichung so aus: ›Arbeit ist immer sinnvoll, und damit ist sie immer gut.‹ Und somit setze ich mich mit vielen Dingen in meinem Leben nicht auseinander, zum Beispiel mit den ganz massiven Beziehungsschwierigkeiten, die ich habe. Damit setze ich mich nicht auseinander, indem ich einfach anfange zu arbeiten. In keiner Situation kann ich so gut arbeiten, wie wenn ich mich mal wieder richtig fröhlich von jemandem getrennt habe. Dann geht es besonders gut. Da ist also erst mal ›Der beweis ich's‹ drin, zweitens so dieses Moment ›Ach, was ein Glück, vorbei‹, und das dritte ist: ›So, jetzt hast du endlich Zeit, wieder was Sinnvolles zu tun. Das andere war ja eh alles nur Zeitverschwendung.‹«*

Man kann sagen, dass Arbeitssucht eine Erscheinungsform der Maßlosigkeit ist. Denn, um so ein System von Sucht aufrechterhalten zu können, strickt sich der Arbeitssüchtige eine Ideologie, die ihn immer weiter treibt: »Das Leben ist hart, und wenn du überleben willst, muss du hart sein.«

Arbeitssucht und Freizeit

Im Gegensatz zu den Alkohol- und Esssüchtigen, die eher labil und passiv wirken und als würden sie sich gehen lassen, erscheinen die Arbeitssüchtigen aktiv und lebenstüchtig. Sie sind ständig am Werkeln, kommen nicht zur Ruhe, ihre Gedanken drehen sich ständig um alle möglichen Tätigkeiten. Selbst in der Freizeit, wenn sie sich so etwas überhaupt zugestehen, lesen sie Fachbücher und Fachzeitschriften, und im Urlaub fahren sie an Orte, die sie beruflich irgendwie »verwerten« können. Sie können nicht wirklich entspannen. Statt sich in der Freizeit und im Urlaub zu entspannen, sind Arbeitssüchtige gereizt, unzufrieden und von innerer Unruhe geplagt.

So manches, was Arbeitssüchtige als Entspannung ausgeben, ist nur eine andere Form von Arbeit: Ein Arbeitssüchtiger, der morgens um fünf Uhr regelmäßig seinen Dauerlauf absolviert, tut dies nicht zum Spaß und denkt nicht an seine Gesundheit, sondern nur daran, erfrischt und mit neuer Energie noch ein paar Stunden länger arbeiten zu können. Lawrence Susser, ein amerikanischer Psychiater, der sich auf die Probleme von Arbeitssüchtigen spezialisiert hat, hält es für lebensnotwendig, dass seine Klienten einen Ausgleich zwischen Arbeit und Freizeit finden. Er ist überzeugt: Arbeitssüchtige begehen langsam Selbstmord, wenn sie ihrem Bedürfnis nach Entspannung nicht nachgeben.

Was immer der Arbeitssüchtige anpackt – es wird Arbeit. Jedes Hobby wird nach kurzer Zeit eine Pflicht oder ein Job. Die New York Times veröffentlichte über einen prominenten Industriellen ein Porträt, in dem zu lesen stand, dass er noch nie Urlaub gemacht habe. Der Arzt habe ihm daher versichert, der geeignete Kandidat für einen Herzinfarkt zu sein, wenn er sich nicht bald ein Hobby zulege. Daraufhin begann der Mann wie besessen

Uhren zu sammeln, sodass ihm sein Arzt schließlich auch das verbot. Er hatte nämlich innerhalb von ein paar Monaten eine der bedeutendsten Uhrensammlungen der USA zusammengetragen.

Stadien der Arbeitssucht: Vom kurzen Arbeitsexzess zum Burnout

Man unterscheidet bei der Arbeitssucht drei Phasen:

1. Die Einleitungsphase (psychovegetativ): Die erste Phase beginnt vergleichsweise harmlos. Typisches Zeichen ist, dass die Betreffenden versuchen, heimlich zu arbeiten. Sie geben vor, sich ihrer Freizeitbeschäftigung zu widmen, während sie in Wahrheit arbeiten, zum Beispiel Fachliteratur lesen oder Ähnliches. Immer häufiger kreisen ihre Gedanken um die Arbeit. Durch Hast und Hektik suchen sie mehr oder weniger bewusst Rauscherlebnisse. Dadurch werden andere Interessen und auch Familie und Freunde immer mehr vernachlässigt. Über leichte körperliche Beschwerden wird hinweggearbeitet.

2. Kritische Phase (psychosomatisch): Ganz ähnlich wie ein Alkoholiker nach Eintritt des Kontrollverlustes nach dem ersten Glas nicht mehr mit dem Trinken aufhören kann, arbeiten die Arbeitssüchtigen in dieser Phase zwanghaft, bis es nicht mehr geht. Sie arbeiten sich regelrecht »besoffen«. Da sie sich ohne einen gewissen Termin- und Arbeitsdruck unwohl und überflüssig vorkommen, sorgen sie für einen Vorrat an Arbeit. In diesem Stadium treten Erschöpfung und Depressionen häufiger und stärker auf, außerdem körperliche Symptome wie etwa Bluthochdruck oder Magengeschwüre.

3. Chronische Phase: Im chronischen dritten Stadium schließlich arbeiten die Patienten mitunter rund um die

Uhr, auch abends, nachts und am Wochenende – oder denken zumindest ständig an die Arbeit. Sie leiden unter dauerndem Schlafdefizit. Sie stellen an sich selbst hohe Ansprüche und zeigen gegenüber all denen, die den eigenen Arbeitsstil nicht praktizieren oder von ihm als Konkurrenz angesehen werden, eine rücksichtslose Härte.

Unbehandelt führt die dauernde, widernatürliche Überlastung im Laufe der Zeit fast immer zu organischen Krankheiten und/oder seelischen Störungen. Schwere Herz-Kreislauf-Probleme, Magendurchbrüche und Nervenzusammenbrüche können genauso das Ergebnis sein wie massive Depressionen und Angstzustände, also das, was man heute »Burnout« nennt (mehr dazu siehe ab Seite 114).

Die Gefahr der Arbeitssucht liegt darin, dass man sie erst nach Jahren bemerkt, wenn sie bereits weit fortgeschritten ist. Dann bröckelt die äußere Fassade und sie kann nur noch mühsam und mit immer größeren psychischen und physischen Kraftakten aufrechterhalten werden. Das vom Arbeitssüchtigen mit Panik beobachtete Nachlassen seiner Arbeitskraft versucht er, mit einer noch weiteren Ausdehnung seiner Arbeitsstunden wettzumachen. Dazu zieht er oft noch bedenkliche Hilfsmittel heran – Aufputsch- und Beruhigungsmittel im Wechsel. Alkohol und Nikotin tun ein Übriges, den Abstieg eines Aufsteigers zu programmieren.

Meistens entwickelt sich bei Arbeitssüchtigen – sowohl als Ausgleich und Belohnung für die sich selbst zugefügte Kasteiung als auch, um sich zuzuschütten, um nichts mehr mitzukriegen – noch eine andere Form der eher »passiven« Süchte wie Alkoholismus, Medikamentenabhängigkeit, Rauchen oder Essen. Die Suchtstruktur ist ohnehin schon da – und womit sie gefüllt wird, ist letztlich zweitrangig. Süchte sind austauschbar. In der Psychotherapie nennt man so etwas Suchtverlagerung oder »Syndrom-Shift«.

Die Behandlung der Arbeitssucht

Wie bei allen Suchtkrankheiten nützt auch bei Arbeitssüchtigen kein noch so gut gemeintes Zureden oder der Appell an Vernunft. Er ist abhängig geworden und bedarf psychotherapeutischer Hilfe.

Die Behandlung der Arbeitssucht ist aus verschiedenen Gründen meistens nicht einfach: Zum einen fehlt den Workaholics oft die Krankheitseinsicht. Anders als bei den bekannten Süchten wird der Süchtige in seinem Verhalten nicht nur durch Anerkennung von Bekannten, Kollegen und Vorgesetzten bestärkt, sondern natürlich auch durch den materiellen Nutzen, den er aus seiner Sucht zieht. Es gibt damit keinen äußeren Grund dafür, sich von seiner Sucht zu befreien, und die Freiheit von der Sucht würde ihm in der Anfangsphase vielleicht sogar am Arbeitsplatz schaden – zumindest kurzfristig. Oft kommen deshalb anfangs die Partner zur Beratung, um sich Rat zu holen, wie sie mit dem Betroffenen am besten umgehen können – und wie sie ihn motivieren können, dass er sich selbst therapeutische Hilfe sucht.

Hinzu kommt: Der Raubbau, den Arbeitssüchtige an ihrem Organismus treiben, ist mitunter so massiv, dass sie erst dann Hilfe suchen, wenn sie mit Blaulicht ins Krankenhaus eingeliefert worden sind. Und selbst dann halten viele ihr Problem für ein rein körperliches und erwarten von den Ärzten schnelle Hilfe. An Psychotherapie denken sie in den seltensten Fällen.

Außerdem pflegen Suchtkranke ihre Abhängigkeit – mehr oder minder bewusst – geschickt zu tarnen. Und so wie der Alkoholiker seinen Getränkekonsum verniedlicht, bagatellisiert auch der Arbeitssüchtige sein Arbeitspensum. Dem Arzt bietet er zumeist Symptome an, die entweder in keinerlei Zusammenhang zu seiner Sucht stehen oder Allerweltssymptome sind: Herz- und Kreislaufbeschwerden, Magenschmerzen, Nervosität, Niedergeschlagenheit und Depressionen. Und wenn dieser nicht den Blick für das Arbeitssucht-Verhalten hat und nur die körperlichen Probleme behandelt, dreht sich das Arbeitssucht-Karussell einfach weiter.

Ein weiteres Problem des Arbeitssüchtigen im therapeutischen Prozess ist die Schwierigkeit, das richtige Maß für die Arbeit zu finden. Beim Alkohol ist die Lösung einfach. Da kann man sagen: »Hände weg vom ersten Glas.« Das sind klare Richtlinien. Bei der Arbeitssucht muss der Abhängige lernen, zwar weiter zu arbeiten, aber weniger und anders, das heißt nicht süchtig zu arbeiten.

Abhängig vom Grad der Störung ist eine stationäre Therapie nötig oder eine ambulante Behandlung von Arbeitssüchtigen möglich – Letztere allerdings nur, wenn eine angemessene Krankheitseinsicht beim Patienten vorhanden ist und der/die Betroffene nicht nur von seinem Partner geschickt wurde, sondern wirklich eigenmotiviert ist.

Die *ambulante* Psychotherapie hat den Vorteil, dass der Patient nicht in der Abgeschiedenheit einer psychosomatischen Klinik neue Erlebens- und Verhaltensweisen erlernen muss, sondern im Alltagsleben. Dadurch sind die Transferprobleme, die bei Klinikaufenthalten ganz beträchtlich sein können, minimiert, weil der Patient direkt nach jeder Psychotherapiesitzung das Gelernte ausprobieren und umsetzen kann.

Allerdings gibt es mitunter so problematische Situationen, die einen *Klinikaufenthalt* für die/den Betreffende/n unabdingbar machen, um so aus dem Alltagsberufsstress herauszutreten, damit der Patient den Kopf frei bekommt, um aus der Distanz über die berufliche, familiäre und allgemeine Lebenssituation nachdenken zu können. Ideal sind Kombinationen von ambulanter und stationärer Psychotherapie, weil beide Ansätze sowohl Vorteile wie auch Nachteile haben.

Inzwischen gibt es in Deutschland außerdem in mehreren Städten Selbsthilfegruppen für Arbeitssüchtige (Anonyme Arbeitssüchtige – AAS, Adresse siehe Seite 100).

Angehörige

Und was können Angehörige von Arbeitssüchtigen tun, um angemessen mit ihnen umzugehen? Marilyn Machlowitz gibt folgende Tipps:

- »Nutzen Sie die Tendenz von Arbeitssüchtigen, ihren Tag zu planen. Planen Sie sich selbst mit ein: Machen Sie Termine für Frühstück, Mittagessen und Abendessen und gemeinsame Aktivitäten.
- Versuchen Sie, jede mögliche Beziehung zu ihm aufrechtzuerhalten: Wenn er sein Wochenende im Büro verbringt, dann nehmen Sie die Kinder mit ins Büro.
- Nehmen Sie gelegentlich die gesamte Familie mit auf eine Geschäftsreise: Was die Kinder in der Schule versäumen, haben sie an Extra-Zeit mit dem arbeitssüchtigen Elternteil.
- Maximieren Sie die Freuden und minimieren Sie den Druck des häuslichen Lebens.
- Bestehen Sie auf gemeinsamen Urlaub, aber erwarten Sie nicht allzu viel. Wenn der/die Arbeitssüchtige Entzugserscheinungen hat, limitieren Sie die Telefongespräche.
- Das Wichtigste für Partner von Arbeitssüchtigen: Entwickeln Sie eigene Interessen und Unabhängigkeit.«[16]

Was kann ein Unternehmen gegen Arbeitssucht tun?

Unternehmen sollten ihre Personalauswahlverfahren und ihre Anforderungsprofile bei Stellenbesetzungen überdenken, um zu vermeiden, dass eine Arbeitsumgebung entsteht, die arbeitssüchtiges Verhalten fördert. Und das beginnt eventuell schon bei der Stellenausschreibung: Wenn Unternehmen in Stellenanzeigen »hoch motivierte Workaholics« suchen, sollte man – auch wenn so eine Anzeige vielleicht mit einem Hauch von Ironie gemeint ist – durchaus skeptisch sein. Schließlich suchen Brauereien ja auch nur selten einen »trinkfesten Geschäftsführer«.

Im Sinne von Prävention sind klare Arbeitszeit-, Pausen- und Urlaubsregelungen, die ausreichend Freiräume zur Regeneration geben, sicher genauso hilfreich wie eine anforderungs- und leistungsgerechte Strukturierung der Arbeitsaufgaben (durch Zielvereinbarungen und Teamentwicklungsprozesse) und eine angemessene Beteiligung und Mitsprache der Mitarbeiter. Gut funktionierende Arbeitsgruppen beugen zudem häufig Arbeitssuchtverhalten vor. Regelmäßige Teamsitzungen, Supervision und Coaching sind ebenfalls sinnvoll, um die psychosozialen Reibungsverluste in Teams zu minimieren, denn ungelöste Teamkonflikte können auch Auslöser von Arbeitssucht sein. Auch durchdachte Karriereentwicklungssysteme und deren Umsetzung in Monitoring- oder Mentorenprogrammen sind sinnvoll. Außerdem sind »Gesundheitszirkel« oft hilfreich, die Mitarbeiter darin zu unterstützen, über eine individuelle Gestaltung des persönlichen Arbeitsumfeldes zu einer möglichst großen Arbeitszufriedenheit zu kommen. Zusätzlich können Stressbewältigungsprogramme, Entspannungsübungen (Rückenschule, Augentraining für Computerarbeitsplätze etc.) hilfreich sein, um psychischen und eventuellen physischen Druck abzubauen.

Dem allen voran steht jedoch, dass die Unternehmensführung sich entscheidet – für oder gegen ein für die Mitarbeiter als auch die Unternehmensziele förderliches Arbeitsumfeld.

Was tun bei arbeitssüchtigem Chef oder Kollegen?

1. Lassen Sie sich nicht auf das Arbeitssucht-Karussell setzen.
2. Fordern Sie eine klare Arbeitsplatzbeschreibung und richten Sie sich danach.
3. Bestehen Sie auf Einhaltung festgelegter Arbeitszeiten.
4. Lassen Sie sich nicht hetzen.
5. Wehren Sie sich gegen Grenzüberschreitungen.
6. Konfrontieren Sie den Betreffenden mit seinem Arbeitssuchtverhalten.

Dies zu tun erscheint Ihnen unmöglich, das würden Sie sich gegenüber Ihrem Vorgesetzten nie trauen? – Trauen Sie es sich, das Risiko einzugehen, arbeitssüchtig zu werden?

Was kann der Einzelne gegen Arbeitssucht tun?

Der erste Schritt ist die Einsicht in die Problematik der eigenen Arbeitssucht. Denn wenn man erst mal erkennt und akzeptiert, dass mit dem eigenen Arbeitsverhalten etwas »nicht in Ordnung ist«, ist das eine gute Basis für eine Veränderung. Es gibt bislang keine allgemeingültigen Hilfen zur Überwindung der Arbeitssucht, da Arbeitssucht nicht gleich Arbeitssucht ist, sondern eine hoch individuelle Sache.

Als erster Einstieg hilft manchen der Besuch einer Selbsthilfegruppe für Arbeitssüchtige (siehe unten).

Für andere ist die Aufarbeitung der Arbeitssuchtproblematik mit den dahinterliegenden Ursachen in einer Psychotherapie (Einzel oder Gruppe) sinnvoll, um dann zu einer Einstellungs- und Verhaltensänderung zu kommen. Und für andere ist ein kurzes, zielorientiertes Coaching der richtige Weg.

Kleine Tipps

Sie können selbst kurzfristig prüfen, wie weit Ihre Arbeitssucht gediehen ist, und – hoffentlich – etwas Distanz dazu schaffen:

- Nehmen Sie sich immer mal wieder zwei Stunden Zeit zum Mittagessen.
- Machen Sie an jedem Wochenende wenigstens einen halben (besser noch einen ganzen) Tag frei.
- Lesen Sie irgendwas, was nichts mit Ihrer Arbeit zu tun hat. Finden Sie ein Hobby, bei dem Sie nicht mit jemandem konkurrieren (und machen Sie das bitte nicht zwanghaft).
- Nehmen Sie sich Auszeiten: Machen Sie regelmäßige Pausen. Notieren Sie im Terminkalender »MZ« = meine Zeit, mindestens einmal wöchentlich. Verplanen Sie MZ nicht: Lassen Sie sich dann einfach Zeit, Ihren inneren Impulsen zu folgen – lustorientierte Auszeiten und (Kurz-)Urlaube ohne Stress.
- Stress-Bremse: Lernen Sie Anti-Stress-Techniken wie Autogenes Training, Progressive Muskelentspannung, Yoga, Tai Chi oder Ähnliches.
- Lernen Sie mit Ihren Kindern zu spielen – ohne darin Meister zu werden.
- Zeigen Sie Ihrer Familie, wie sehr Sie Ihre Partnerin beziehungsweise Ihren Partner und Ihre Kinder schätzen. Sie brauchen sie mindestens so sehr, wie diese Sie braucht – wenn nicht sogar mehr.

Wenn es nicht funktioniert, holen Sie sich Hilfe. Denn Ihre Arbeitssucht ist wahrscheinlich bereits recht weit gediehen.

Zum Weiterdenken

- Der kluge Hamster im Rad läuft langsam.
- Keiner hat Zeit, wenn er sie sich nicht nimmt.
- »Wer von seinem Tag nicht zwei Drittel für sich selbst hat, ist ein Sklave.« (Friedrich Nietzsche)
- Das innere Stopp-Schild: Muss ich das wirklich machen/übernehmen?

Zum Weiterlesen

Butzko, H. G.: Successoholics – Karriere ohne Reue. Düsseldorf, Regensburg 1997

Fassel, D.: Wir arbeiten uns noch zu Tode – Die vielen Gesichter der Arbeitssucht. München 1991

Gross, W.: Karriere 2010 – Chancen, seelische Kosten und Risiken des beruflichen Aufstiegs im neuen Jahrtausend, Bonn 2005

Perkins, J.: Bekenntnisse eines Economic Hit Man – Unterwegs im Dienst der Wirtschaftsmafia. München 2005

Poppelreuter, S.: Arbeitssucht, Weinheim 1997

Poppelreuter, S., Evers, C.: Arbeitssucht – Theorie und Empire. In: Poppelreuter, S. & Gross, W. (Hrsg.): Nicht nur Drogen machen süchtig – Entstehung und Behandlung von stoffungebundenen Süchten (S. 73–91). Weinheim 2000

Zum Weiterklicken

www.arbeitssucht.de/
Homepage der Anonymen Arbeitssüchtigen (AAS).
Selbsthilfegruppe für Menschen mit Arbeitsproblemen
oder Arbeitssucht. Kurze Texte zu einzelnen Aspekten
der Arbeitssucht. Die Gruppe ist erklärtermaßen religiös
ausgerichtet.

http://www.labournet.de/diskussion/arbeit/asucht.html
»Arbeitssucht: Skizze der theoretischen Grundlagen«.
Gut lesbarer Text, der sich mit den unterschiedlichen Auf-
fassungen von Arbeitssucht in westlichen Staaten und in
Japan auseinandersetzt.

http://www.arbeitswahn.de/
Plattform zum Nachdenken und Diskutieren über das
Thema Arbeit auf Basis des Buches »Die Kunst, weniger
zu arbeiten«.

Adressen

Anonyme Arbeitssüchtige (AAS), Kreuzstraße 13,
  76133 Karlsruhe
SEKIS, Lothar Straße 95, 53115 Bonn, Tel.: 0228/9145917
NAKOS, Albrecht-Achilles-Straße 65, 10709 Berlin,
  Tel.: 030/89140

Angst essen Leistung auf – über ein im Job verdrängtes Gefühl

Konjunkturvokabel: Krise

Seien wir ehrlich: Es gibt kaum noch jemanden, der in diesen unruhigen und unübersichtlichen Zeiten den Überblick hat, kaum noch jemanden, der ruhig, gelassen und souverän durchs Berufsleben wandelt und morgens entspannt am Arbeitsplatz seinen Computer anschaltet, sich entspannt mit Kollegen zu morgendlicher Teambesprechung zusammensetzt oder einen Kunden berät.

Das Wort *Krise* hat in den verschiedensten Konnotationen Konjunktur: Krise von Wirtschaft und Sozialstaat, Karrierekrise, Bankenkrise, Krise des Finanzsystems, Wirtschaftskrise, Weltwirtschaftskrise.

Angst am Arbeitsplatz

Angst ist im deutschen Wirtschaftsleben wohl das am stärksten verdrängte Thema. Obwohl weit verbreitet, wird kaum darüber geredet. In der Studie einer Kölner Forschungsgruppe unter Leitung des Fachhochschulprofessors Winfried Panse[17], die 1200 Mitarbeiter aller Hierarchieebenen einschloss, zeigte sich bereits vor zehn Jahren Folgendes:

- 92,8 Prozent haben Angst um ihren Arbeitsplatz.
- 63,7 Prozent fühlen sich überfordert.
- 83,9 Prozent wünschen sich ihren Vorgesetzten hilfsbereiter, ehrlicher, offener.
- 45,6 Prozent befürchten Schwierigkeiten am Arbeitsplatz durch Gesundheitsprobleme.
- 38,9 Prozent haben Angst vor Problemen im Betrieb wegen ihres Alters.

■ 39,4 Prozent befürchten, dass ein Kollege ihren Arbeitsplatz bedroht.

All dies führt zu Überforderung, Unsicherheit, Demotivation, Ermüdung, psychischen und psychosomatischen Beschwerden. Das Ergebnis ist die Zunahme der Konkurrenz untereinander. Der Kampf um den Top-Job wird immer krasser: Die »Dirty tricks im power play«, die schmutzigen Tricks im Spiel um die Macht, nehmen zu. Die Angst geht nicht nur bei den »High potentials«, sondern bei allen Berufstätigen um, egal, ob angestellt oder selbstständig, ob als einfacher Arbeiter oder als Manager. Und es ist nicht nur die Angst vor Arbeitslosigkeit, sondern auch vor der Zunahme von Arbeitsstress, der härter werdenden Konkurrenz und nicht zuletzt den körperlichen und psychischen Folgen. So stellte man in einer Untersuchung fest, dass mehr als die Hälfte der Mitarbeiter während der Arbeitszeit erhöhte Blutdruckwerte aufweisen: erste körperliche Hinweise auf die Stressbelastung im Job. Dabei wird der körperliche Stress meistens überlagert durch die seelische Belastung.

»Der Zwang nimmt ab, aber der Druck nimmt zu«, sagte mir kürzlich ein Patient und meinte damit, dass einerseits die Freiräume, *wie* man eine Arbeit erledigen kann, in vielen Bereichen zwar zunehmen, aber andererseits die *Menge* der zu erledigenden Arbeit so hoch sei, dass man sie kaum schaffen könne.

Mehr oder weniger krank?

Heute haben wir in vielen Unternehmen eine merkwürdige Situation: Einerseits nehmen allerorten seit Jahren die Krankschreibungen der Mitarbeiter ab – viele Experten vermuten aus Angst vor dem Verlust des Arbeitsplatzes. Andererseits belegen verschiedene aktuelle Studien der

Krankenkassen, dass berufsbedingte psychische Erkrankungen immer mehr zunehmen – und dann die Krank-
heitstage überproportional zunehmen. So zeigt eine
Untersuchung der Techniker Krankenkasse aus dem Jahr
2008, dass Personen, die wegen seelischer Probleme krank
geschrieben werden, sehr viel mehr Fehltage haben (pro
Jahr 22,7) als Menschen, die wegen körperlicher Störungen krank sind (7,6).

Und in vielen Bereichen ist der Hintergrund die enorme
Arbeitsbelastung. Ulli, 37, ist Prokuristin in einer internationalen Steuerberatungsgesellschaft:

> »Ich würde sagen, in der Preisklasse, in der ich mich
> bewege, ist mit einem Achtstundentag überhaupt nichts
> zu erreichen. Also ich komme, um das zu erläutern,
> ungefähr viertel vor acht, halb neun ins Büro, habe
> manchmal eine Stunde Mittag, manchmal auch nicht,
> und gehe eigentlich vor halb sieben nie aus dem Büro.
> Das sind eigentlich Ausnahmefälle. Ich gehe auch sehr
> oft erst um sieben oder halb acht nach Hause. Und das,
> würde ich sagen, ist der Durchschnitt, wenn man also
> sich anschaut, wie viel zum Beispiel bei amerikanischen
> Banken gearbeitet wird, dann ist das noch wesentlich
> mehr, also da ist der Normalfall, dass man um acht
> abends nach Hause geht und auch am Samstag noch
> mal im Büro ist. Das ist eigentlich schon die normale
> Härte.«

Aber nicht nur die Quantität der Arbeit nimmt immer
mehr zu, sondern auch die Qualitätsanforderung. Dabei
werden die Mitarbeiter bis zum Anschlag gefordert, es
bleibt kaum noch Zeit für einen Plausch unter Kollegen,
kaum noch Zeit, in Ruhe nachzudenken und zu planen,
kaum noch Zeit für soziale Kontakte. Alles wird dem
Götzen Effektivität geopfert. Und wer nicht funktioniert,

wird aussortiert oder geht von selbst. Für die Angestellten-
kammer Bremen befragte das Zentrum für Sozialpolitik
mehr als 6000 Menschen, darunter mehr als 4000 Erwerbs-
tätige, detailliert über Gesundheit und Lebensqualität. Ein
Teil der Studie[18] beschäftigte sich mit den Auswirkungen
der diversen Betriebsmodernisierungen. Sie kam zu folgenden Ergebnissen:

Negativ erleben

- 67 Prozent der Befragten die Zunahme des Arbeits-
  tempos,
- 58 Prozent mehr Leistungsdruck/Erfolgszwang,
- 56 Prozent Belastungssteigerung durch EDV/neue
  Techniken,
- 50 Prozent höhere Weiterbildungsanforderungen,
- 39 Prozent erhöhte Arbeitsplatzrisiken.

Positiv erleben

- 33 Prozent der Befragten selbstständigere und verant-
  wortlichere Arbeit,
- 22 Prozent geringere Gefahren beruflichen Abstiegs,
- 19 Prozent häufigere Gruppen/Teamarbeit,
- 14 Prozent höheres menschliches Interesse (vor allem
  leitende Angestellte).

Klaus Pickshaus, Referatsleiter beim Vorstand der IG-
Metall für den Bereich Arbeits- und Gesundheitsschutz
kennt die seelischen Probleme der Beschäftigten aus vielen
Unternehmen:

> *»Wir erfahren auf Seminaren mit Betriebsräten und
> Kollegen, dass immer häufiger über eine Zunahme von
> Stress geklagt wird, dass Arbeitsplatzangst eine große*

Rolle spielt, aber auch Angst davor, einem Druck ausgesetzt zu sein im Arbeitsalltag, den man irgendwann nicht mehr aushält, der bis an die Grenzen der Leistungsfähigkeit geht. Das hängt nicht nur mit der Angst um den Arbeitsplatz zusammen, sondern auch damit, dass ein zunehmender Marktdruck in die Unternehmen selbst verlagert wird ... Es zeigt sich zum Teil ja auch in perverser Art und Weise darin, dass der offizielle Krankenstand sinkt. Dies hängt nicht damit zusammen, dass die Arbeitnehmer gesünder geworden sind, sondern damit, dass die Menschen mehr Angst haben, auch krankzufeiern, sich eben auch zu regenerieren ... All das führt dazu, dass Leistungsgrenzen, die früher einmal gesetzt waren, längst überschritten werden ...

Betriebsräte berichten, dass es Angst gibt, über eigene Ängste und Schwächen zu sprechen. Im Betriebsalltag gehört es längst nicht zu den Firmen-Kulturen, zu sagen: ›Ich schaffe etwas nicht‹ oder ›Es bereitet mir Angst, weil ich die ausreichende Qualifikation dazu nicht habe‹. Das hängt damit zusammen, dass das Betriebsklima oft schlechter geworden ist und Leistungsstarke auch in der Unternehmensphilosophie in den Vordergrund gestellt werden, dass jeder andere, der meint, diesem Anspruch nicht gerecht werden zu können, sich als Versager fühlt.«

Generalisierte Angst

Neben der Angst, es im Job nicht mehr zu schaffen, und der Angst vor Arbeitsplatzverlust bezieht sich die Angst der Deutschen heute bei Weitem nicht mehr nur auf das Berufsleben, sondern auf ganz viele Lebensbereiche: Angst vor Terrorismus, Umweltzerstörung, Wirtschaftskrise oder dem generellen Verlust vieler Sicherheiten.

Katharina, 28, PR-Agentin:

> *»Das ist eine ungeheure Lebensangst. Das ist wirklich eine tiefsitzende Angst, dass man keine Zeit mehr hat für irgendwas. Ein ganz starker Verlust an Selbstwertgefühl. Und das gepaart ergibt einfach das Gefühl, du musst jetzt ganz schnell, wenn du überhaupt noch irgendwas schaffen willst, musst du das jetzt ganz schnell schaffen. Jetzt und hier und heute es ist deine allerletzte Chance. Das ist dieser negative Teil.«*

Der Münchner Psychoanalytiker Wolfgang Schmidbauer sieht die Ursache vor allem auch darin, dass es in Deutschland noch nie so viele Menschen gab, die so viel zu verlieren hatten wie heute: Wohlstand, Konsum, Wahlmöglichkeiten, Sicherheit … Und all das scheint heute vielen gefährdet. Und jede Krise wird dann für die deutsche Seele zum symbolischen Beginn des Weltuntergangs. Und damit wird die negative Weltsicht bestätigt.[19] Wie heißt es doch so schön: Resignation ist die Vorwegnahme einer lange ersehnten Niederlage.

Kleine Tipps

- Vorsicht vor Energie-Vampiren.
- Nur tote Fische schwimmen immer mit dem Strom.
- Du schaffst es nur selbst, aber oft nicht allein. Deshalb: Hilfe suchen und annehmen!
- »Tue zuerst das Notwendige, dann das Mögliche – vielleicht schaffst du dann das Unmögliche«. (Nach Franz von Assisi)

Bedenkenswerte Fragen

- Was könnte meine »Albtraumabfuhranlage« sein/werden?
- Achten Sie auf Ihre Biorhythmen:
  Wann sind Sie gewöhnlich wach, voller Elan und kreativ?
  Wann haben Sie meist ihren täglichen Tiefpunkt?

Zum Weiterdenken

- Wir haben Orwells »1984« überlebt, den Jahrtausendwechsel, die Sonnenfinsternis und Stanley Kubricks »2001 – Odyssee im Weltraum« – warum sollte uns 2020 schrecken?

Zum Weiterlesen

Runge, A.: Angst am Arbeitsplatz – Umgang mit einem alltäglichen Gefühl. Zürich 1990

Pickshaus, K., Schmitthenner, H. & Urban, H.-J. (Hrsg.): Arbeiten ohne Ende. Hamburg 2001

Hohensee, T.: Das Erfolgsbuch für Faule. Entdecken Sie, was Sie wirklich wollen und wie Sie es ohne Stress erreichen. München 2002

Zittlau, J.: Ghandi für Manager. Der andere Weg zum Erfolg. Frankfurt am Main 2003

Das Herz schlägt zurück:
Karrierekrankheiten

Erschöpft im Klein-Klein des Alltags nehmen körperliche
und seelische Erkrankungen zu: nicht nur die als »Mana-
gerkrankheit« schöngeredeten Herz-Kreislauf-Probleme,
die Magenschleimhautentzündungen und vegetativen Dystonien, sondern auch die schweren Krankheiten (Herzinfarkte, Nervenzusammenbrüche, Magengeschwüre), die
ganze Palette der echten Psychosomatosen eben. Aber
auch Depressionen, Ängste und Suchterkrankungen steigen. Besonders betroffen sind Führungskräfte. So weiß
man aus mehreren Untersuchungen, dass Alkoholismus
und Medikamentenabhängigkeit bei Führungskräften viel
höher sind als im Bevölkerungsdurchschnitt.

Viele Menschen fühlen sich anscheinend in »nicht art-
gerechter« Haltung fixiert und harren fast in einer »Duldungsstarre« aus, bis irgendwann der Körper reagiert.
Nicht zuletzt deshalb gibt es immer mehr Herzinfarkte
von Männern unter 30. Und die Herzinfarkte bei Frauen
stiegen in den letzten 20 Jahren fast ums Doppelte – parallel
zu der beruflichen Emanzipation der Frauen. Die körperlichen Störungen stellen sich nicht nur in Form von Herz-
Kreislauf-Beschwerden ein, sondern auch Kopfschmerzen
und Magenprobleme sind typisch. Meistens wird das je-
weils empfindlichste Organ des Körpers (psychosomatische Achillesferse) angegriffen. In der Regel werden auch
diese Signale des Körpers nicht beachtet und überspielt
und durch vermehrten Arbeitseinsatz wettgemacht – so
lange, bis es nicht mehr weitergeht. Ein 51-jähriger Manager in einem Pharma-Unternehmen gesteht:

> »Ich habe seit mindestens zehn Jahren einen enormen
> Bluthochdruck. Und bin also medikamentiert, das
> heißt ich nehme jeden Tag ein Mittel, einen so genann-

ten *Betablocker, der meinen Blutdruck in absolut normale Verhältnisse bringt. Wenn ich dieses Mittel nicht nehme, steigt der Blutdruck auf über 215, 225 hoch. Und deswegen bin ich also, wenn Sie so wollen, auf einem Arzneimittel. Und das ist vielleicht eine Last des Erfolges oder ein Preis für den Erfolg.*«

Manager-Leiden:
Der wohlverdiente Nervenzusammenbruch?

Hinweise auf die körperlich-seelische Verfassung von Managern gibt die IAS, Institut-für-Arbeits-und-Sozialhygiene-Stiftung in Karlsruhe. Sie führt seit über 25 Jahren einen ein- oder zweitägigen »Gesundheits-Check-Up« durch. An den Untersuchungen haben inzwischen mehr als 40 000 Personen – zum großen Teil Führungskräfte – teilgenommen. Pro Jahr lassen sich derzeit an den inzwischen sechs deutschen Standorten und den mehr als 140 Niederlassungen zirka 4000 Führungskräfte aus der Wirtschaft durchchecken.

Ergebnisse: Jede fünfte Führungskraft leidet unter ihrem Beruf. In den Untersuchungen fand die IAS heraus, dass Leistungseinschränkungen unter Druck einhergehen mit erhöhten Blutfettwerten und dass vegetative Beschwerden mit erhöhter Krankheitsanfälligkeit, mit Anspannungsgefühl und subjektiv erlebter Leistungseinschränkung korrelieren. Dadurch entwickelt sich – wenn man nichts dagegen unternimmt – ein Teufelskreis aus körperlichen, psychischen und sozialen Belastungen.

Managertypologie

Die Münchner GEVA (Gesellschaft für verhaltenswissenschaftliche Anwendung und Evaluation), die an der Studie mitwirkte, unterschied dabei vier verschiedene Stresstypen:

Typ 1: – Der ängstliche Angespannte (20,5 %)
Typ 2: – Der Verdränger (22,2 %)
Typ 3: – Der Ehrgeizige (27,6 %)
Typ 4: – Der gesund und kontrolliert lebende Manager
        (29,5 %)

Gerade bei der massiv gestressten Gruppe *Typ 1*, der
ängstliche Angespannte, zeigt sich ein hoher Leidens-
druck durch chronische Überforderung. Hier korrelieren
in der Untersuchung Angst, Anspannung, Stresskrankhei-
ten und Leistungseinschränkungen unter Druck. Diese
Personengruppe hat oft das Gefühl, sie geht nicht in der
Arbeit auf, sondern darin unter, da diese Personen oft
meinen, den Anforderungen nicht mehr gewachsen zu
sein. Absinkende Energie und Tatkraft, das Empfinden,
machtlos ausgeliefert zu sein, und fehlende Gelassenheit
führen zu deutlich höheren Krankentagen (8,3 pro Jahr).

Typ 2, der Verdränger, ist vor allem charakterisiert durch
hohe Konfliktvermeidung, starke Nachgiebigkeit (Anpas-
sung) und Verbergen (vor allem von Schwächen). Die Betroffenen sind selten ehrgeizig, haben nur eine schlechte
Kontrolle über ihren Lebensstil und lassen sich eher hängen. Immerhin – mit nur einem Krankentag pro Jahr sind
sie auf dieser Ebene sogar besser als der vielgelobte Typ 4:
Wenn man sich anpasst und eine ruhige Kugel schiebt,
wird man also seltener krank.

Typ 3, der Ehrgeizige, erlebt seinen Beruf als Herausforderung, hat einen hohen Beschäftigungsdrang, steht ständig unter Strom und arbeitet auch unter Druck sehr viel.
Er hat sein Leben unter Kontrolle und weicht Konflikten
nicht aus, manchmal sucht er sie sogar. Er hat eine hohe
Überzeugungskraft und Stress wirft ihn kaum aus der
Bahn. Mit 3,7 Krankentagen pro Jahr liegt er im Mittel-
feld.

Typ 4, der gesund und kontrolliert lebende Manager, ist

vorausschauend, hat ein gutes Präventionsverhalten, ist wenig ängstlich und angespannt. Dafür ist er voller Energie und Tatkraft, aber nicht übermäßig ehrgeizig. Er ist ziemlich selbstsicher, konfliktfähig und wird unter Stress selten krank. Herausragend ist sein gesundheitsbewusster Umgang mit Essen. Mit 1,9 Krankentagen pro Jahr liegt er an zweiter Stelle.

»Manager-bashing« – oder: Manager als Watschenmänner der Nation

Die Umbruchsituation in der Wirtschaft verlangt von allen Beteiligten ein hohes Engagement und eine hohe persönliche und fachliche Kompetenz – vor allem von Führungskräften. Aber gerade die beziehen – vielleicht nicht ungewöhnlich in Zeiten der Rezession – Prügel von allen Seiten. »Nieten in Nadelstreifen« hieß das Buch von Günter Ogger, das in den 1990er Jahren monatelang auf der Bestsellerliste stand und eine Vielzahl von Büchern mit ähnlichem Tenor nach sich zog. Wie seriös die Werke sind, wollen wir dahingestellt sein lassen. »Macht macht krank«, ist die These eines dieser Bücher von Jürgen Hesse und Hans Christian Schrader mit dem Titel »Die Neurosen der Chefs« (1994). Darin wird eine Studie der renommierten Unternehmensberatung Kienbaum an 437 Führungskräften zitiert, wonach 60 Prozent neurotisch gestört seien, die Hälfte davon mittel bis schwer. Diese Studie hat Kienbaum inzwischen zurückgezogen und das Original ist nicht mehr zugänglich. Sie passt nur zu der fortwährenden Tendenz, auf die Führungskräfte als Watschenmänner der Nation einzuprügeln und Vorurteile gegen Vorgesetzte zu mobilisieren. Das böse Sprichwort »Manche versuchen zu glänzen, obwohl sie keinen Schimmer haben« mag zutreffen, eben für manche. Realität ist jedenfalls, dass der Stress in den Führungsebenen zunimmt – für alle.

Vor allem die sozialen Fähigkeiten und Fertigkeiten der Manager sind ins Gerede gekommen. Die Wirtschaftswoche veröffentlichte vor einiger Zeit eine Studie[20] an 4500 Führungskräften mit nicht gerade schmeichelhaften Ergebnissen für die deutschen Manager: Da werden 60 Prozent der deutschen Führungskräfte erhebliche Defizite bescheinigt. Fast ein Fünftel der Manager wird danach dem »autoritär-instabilen« Führungsstil zugeordnet und mehr als 16 Prozent dem »autoritär-direktiven«, der Führung nach Gutsherrenart. Das Gegenteil, der »Laissez-faire«-Manager, der sich aus lästigen Entscheidungen und Konflikten heraushält, liegt fast bei einem Viertel. Nur 40 Prozent billigt man einen »partnerschaftlich-kooperativen« beziehungsweise einen »sachorientiert-partnerschaftlichen« Führungsstil zu.

Diese Zahlen lassen dann keine Fragen offen zu stressbedingten Managerkrankheiten – und ebenso wenig zu denen der Mitarbeiter dieser Führungskräfte: Der Stress schlägt um sich und Herz und Seele der Menschen schlagen zurück.

Zum Weiterdenken

- Erkenne die Chancen und nutze sie. Aber lass Dich nicht von ihnen terrorisieren.
- Wer etwas will, sucht Wege. Wer etwas *nicht* will, sucht Gründe.
- Falle aus der Rolle, damit du aus der Falle rollst.

Kleine Tipps

- Runter vom Gas: Es gibt mehr im Leben, als die Geschwindigkeit zu erhöhen.
- In der Ruhe liegt die Kraft: Lassen Sie – wenigstens ab und zu – die Seele baumeln.

▨ Tun Sie etwas, was Ihrem Körper guttut und Ihrer Psyche Spaß macht: Sport (Laufen, Radfahren, Schwimmen), Entspannungstraining, Sauna, bewusste Ernährung …

▨ Organisieren Sie Ihren Job richtig: Es ist schwierig, alles auf einmal zu tun. Aber *eine Sache auf einmal* kann jeder schaffen. Und: Wenn Sie es schon machen, können Sie es auch gleich richtig machen.

Zum Weiterlesen

Bamberger, C.: Stress-Intelligenz: Stress besser meistern – Lebensenergie gewinnen. München 2007

Satzer, R.: Stress und psychische Belastungen am Arbeitsplatz. Frankfurt am Main 2002

Hofstetter, H.: Die Leiden der Leitenden. Köln 1988

Reheis, F.: Entschleunigung – Abschied vom Turbokapitalismus. München 2003

Erst Feuer und Flamme, dann ausgebrannt wie ein Strohfeuer: Burnout

»Ich merkte einfach an bestimmten Tagen, dass ich morgens keine Lust hatte aufzustehen, dass es mir sehr schwer fiel, aus dem Bett zu kommen, dass ich einfach einen schweren Kopf hatte, dass mein Kopf zu war, dass ich auch innerlich gar nicht bereit war, mir über irgendwelche Probleme, die mit der Arbeit zu tun hatten, Gedanken zu machen.

An körperlichen Symptomen ist bis heute bei mir sehr auffällig, dass ich sehr nervös bin, dass ich oft Kopfschmerzen habe und immer wieder Schleimhautentzündungen. In letzter Zeit muss ich feststellen, dass sowohl, wenn ich abends ins Bett gehe, ich oft wach liege, sehr lange wach liege und Schwierigkeiten beim Einschlafen habe. Obwohl ich das nicht will, drehen sich meine Gedanken oftmals um die Arbeit, um Probleme von einzelnen Jugendlichen, und ich versuche immer, für alles irgendwelche Lösungen zu finden. Und es ist manchmal so schlimm für mich, auch dass ich wirklich zu mir selber sagen muss: Du bist jetzt hier zu Hause. Im Moment bist du nicht auf der Arbeit, lass mal die Gedanken los. Wenn du morgen um 10 Uhr wieder auf der Arbeit bist, ist es noch genug Zeit dafür.«

So beschreibt die 32-jährige Diplompädagogin Judith, die in einem Frankfurter Jugendzentrum arbeitet, den Anfang ihres Burnout. Dabei sind die dargestellten Symptome nur die ersten Anzeichen des Ausbrennens, die viele vielleicht noch nachvollziehen können. Allerdings sind die Übergänge zum voll aufgeblühten Burnout fließend – und wenn man erst mal auf der schiefen Ebene des Ausbrennens gelandet ist, kann das ganz schnell gehen.

Herbert Freudenberger, ein amerikanischer Psychoanalytiker deutscher Herkunft, der als einer der ersten den Begriff »Burnout« verwendete, beschrieb schon 1974 das Burnout-*Spätstadium* so:

»Wer je ein ausgebranntes Gebäude gesehen hat, der weiß, wie so etwas aussieht. Ein Bauwerk, eben noch von pulsierendem Leben erfüllt, ist nun verwüstet. Wo früher Geschäftigkeit herrschte, finden sich jetzt nur noch die verkohlten Überreste von Kraft und Leben. Ein paar Ziegel und Zementbrocken mögen stehen geblieben sein, ein paar leere Fensterrahmen. Vielleicht ist sogar die äußere Hülle des Gebäudes noch erhalten. Wer sich jedoch hineinwagt in die Ruine, wird erschüttert vor dem Werk der Vernichtung stehen.«[21]

Was damals noch als Skurrilität behandelt wurde, ist heute sicher eine der größten Gefahren unseres Arbeitslebens, die mehr oder weniger ausgeprägt alle Branchen und Ebenen betrifft. Einhergehend mit dem zunehmenden Stress in fast allen Berufsfeldern, scheint diese Form der Selbst- und Fremdausbeutung anzusteigen – vor allem in sozialen, pädagogischen und medizinischen Berufen, aber längst nicht nur dort: Die Verwaltungsangestellte, die mit dem neuen Konzept der abermals verschlankten Strukturen nicht klarkommt, das ihr der Abteilungsleiter ohne Vorbereitung auf den Schreibtisch geknallt hat, ist ebenso Burnout-gefährdet wie der Verkäufer, der nicht mehr in der Lage ist, mit der stetigen »Arbeitsverdichtung« klarzukommen. Ob am Computer oder in der Produktion, ob im Büro oder im Klassenzimmer – überall nehmen die Arbeitsmenge, die geforderte Präzision, die Reizüberflutung und die Geschwindigkeit zu.

Freiräume schmelzen weg wie der Schnee in der Sonne. Für die Sozialkontakte am Arbeitsplatz bleibt immer weniger Raum. Dem Terror der Effizienz wird immer häufiger Menschlichkeit, Verständnis und Solidarität geopfert. Wenn dann auch noch die »Wiederaufbereitungsanlagen« (siehe unten) im Privatbereich wegbrechen, frisst sich der chronische Stress in die Seelen der Menschen – der Beginn einer Abwärtsspirale, die im Burnout enden kann.

Burnout wird – so scheint es – mehr und mehr zur neuen Volkskrankheit.

In den Berichten der Krankenkassen wird von Jahr zu Jahr von einer überproportionalen Zunahme der Krankschreibungen aus psychischen Gründen gesprochen. Und retrospektive Untersuchungen von Patienten mit Depressionen, Angstzuständen, Panikattacken oder ähnlichen psychischen Erkrankungen belegen, dass es einen klaren Zusammenhang zwischen einem unbehandelten Burnout als Frühwarnzeichen und der späteren massiven seelischen Erkrankung gibt. Das rechtzeitige Erkennen und Behandeln eines Burnout-Syndroms kann also eine Menge Geld sparen. Schließlich kosten Interventionen in einer Burnout-Frühphase nur einen Bruchteil der Behandlungs- und Berufsausfallkosten einer Folgeerkrankung.

Burnout erkennen

Reichen das Wissen und die Aufmerksamkeit für die Anzeichen, damit Betroffene frühzeitig »aufwachen« und Veränderungen einleiten? Jede und jeder sollte sich mit den wichtigsten Merkmalen auskennen und sich immer wieder einmal daraufhin selbst betrachten und befragen.

Burnout-Definition: Burnout ist gekennzeichnet durch körperliche und seelische Erschöpfungsgefühle und einen massiven Energieverlust durch chronisch gewordenen Stress, oft verbunden mit massiven Schlafstörungen.

Mit einher gehen Gefühle von Hoffnungs-, Sinn- und

Lustlosigkeit, mitunter mit Empfindungen von Deperso-
nalisation: Bei manchen stehen Depressionen im Vordergrund, andere werden zynisch oder aggressiv und wieder
andere haben das Gefühl, nicht mehr sie selbst zu sein oder
ständig neben sich zu stehen. Besonders gefährdet sind Berufsgruppen mit einem hohen Anteil an Sozialkontakten.

Burnout-Phasen: Natürlich entwickelt sich Burnout nicht
von jetzt auf nachher, sondern schleichend. Auch wenn jeder Burnout-Prozess hochgradig individuell ist, gibt es
doch bestimmte Phasen, in denen Burnout entsteht. Burnout entwickelt sich meist in drei Phasen, die Matthias
Burisch, Psychologe an der Hamburger Universität und
Autor des Standardwerks »Das Burnout-Syndrom«[22] so
charakterisiert:

- Anfangsphase »Vermehrtes Engagement«: Euphorie;
  Überaktivität; unbezahle Mehrarbeit; Gefühl, unentbehrlich zu sein; Verleugnung der eigenen Bedürfnisse,
  Verdrängung von Misserfolgen; soziale Kontakte = Be-
  rufs-/Klientenkontakte, Müdigkeit; Energiemangel; erhöhte Unfallgefahr.
- 2. Phase »Reduziertes Engagement«: Desillusionierung;
  Distanz zum Beruf/Klienten; negative Gefühle (Zynismus; Unterkühltheit); genereller Widerwille gegen
  Arbeit; innere Kündigung; Stagnation; Ridigität; Blo-
  ckieren von konstruktiver Arbeit, Verlust von Kreativität; Verflachung; Fehlzeiten.
- 3. Phase »Suche nach dem Schuldigen«:
  - selbst: Schuldgefühle; Depressionen; Ängste; De-
    personalisierung; Apathie; Pessimismus
  - andere/Unternehmen/System: Aggressionen; Reiz-
    barkeit, Misstrauen; Negativismus; Sabotage; psy-
    chosomatische Probleme; Verzweiflung; Hoffnungs-
    losigkeit; Selbstmordfantasien.

Das Ergebnis ist: Abbau der Leistungsfähigkeit, der Motivation und Kreativität; Verflachung; Hoffnungslosigkeit; psychosomatische Krankheiten (Magengeschwüre, Herz- und Kreislaufprobleme, Hautkrankheiten etc.); Alkohol- und Medikamentenmissbrauch; Suchtprobleme; Verzweiflung; Suizidgedanken und -versuche.

Hochgradig individuell in Ausprägung und Verlauf

Natürlich sind die Burnout-Verläufe nicht so schematisch, wie hier dargestellt, sondern sie sind hochgradig individuell – bei dem einen geht das relativ rasch innerhalb von ein paar Monaten, bei anderen ist die Entwicklung langsam und geht über mehrere Jahre. Die Niederschläge sind von Person zu Person, von Berufsfeld zu Berufsfeld, von Stresssituation zu Stresssituation verschieden. So kann sich an bestimmten stressreichen Arbeitsplätzen beispielsweise in der Suchttherapie, in der Alten- und Krankenpflege, in der AIDS-Beratung, an der Börse, im Journalismus oder in nur halbherzig umstrukturierten Unternehmen und Behörden Burnout innerhalb von ein bis zwei Jahren entwickeln. Bei Ärzten und Lehrern spricht man von vier bis fünf Jahren. Aber auch als Manager, als Banker, als Broker, in Industrie, Wirtschaft und Verwaltung kann man ausbrennen, wenn auch in der Wirtschaft das Thema noch immer oft verschwiegen wird. Dabei sind es nicht immer nur der Job und die äußere Überlastung, die zum Burnout führen. Manche Menschen scheinen so etwas wie eine psychologische »Veranlagung« mitzubringen. Matthias Burisch unterscheidet denn auch beim Burnout »Selbstverbrenner« und »Opfer der Umstände«.

So schaffen Sie Ihren Burnout schnell und mühelos

Erprobte und wirkungsvolle Tipps, wie Sie sich selbst erfolgreich fertigmachen können:

1. Arbeiten Sie so viel, so intensiv und so lange, wie Sie können. Schließlich hängen Ihre Selbstbestätigung und Ihr Lebenssinn davon ab.
2. Machen Sie möglichst wenig – besser gar keine – Pausen. Wochenenden, Feiertage und Urlaub brauchen nur »Weicheier«, »Warmduscher« und »Sitzpinkler«.
3. Wenn sich Urlaub gar nicht vermeiden lässt, fahren Sie an Plätze, die Sie beruflich verwerten können oder wo Sie »wichtige Leute« treffen. Nehmen Sie auf jeden Fall Arbeit mit, die Sie am Strand durcharbeiten können. Rufen Sie mindestens einmal täglich in der Firma an und schalten Sie auf keinen Fall das Handy aus.
4. Machen Sie es sich während der Arbeit nicht zu leicht: Baggern Sie sich den Schreibtisch richtig mit schwierigen Arbeiten zu – sonst fühlen Sie sich nutzlos und wissen nicht, was Sie hier sollen. Reiben Sie sich an den wiederkehrenden unlösbaren Konflikten auf: Das weckt die Lebensgeister und Sie bestätigen sich damit, dass Sie wichtig sind.
5. Ihr Arbeitsplatz sollte nicht zu angenehmen sein – sonst arbeiten Sie nicht richtig.
6. Achten Sie nicht zu sehr auf Ihr Wohlergehen. Sie werden schließlich nicht dafür bezahlt, dass es Ihnen gut geht, sondern dass Sie schwierige

Aufgaben erledigen, die außer Ihnen keiner lösen kann. Denken Sie immer daran: Sie sind unersetzbar.

7. Sie sollten auf keinen Fall auf Ihre beruflichen Erfolge stolz sein und sich zu sehr loben oder auf den Lorbeeren ausruhen. Es gibt schließlich noch so viel zu tun. Und die wirklich schwierigen Aufgaben stehen erst noch an.

8. Weil Sie sich selbst in jeder Situation unter Kontrolle haben, immer genau wissen, was Sie wollen und sowieso alles besser wissen, gehören Sie zur wirklichen Elite, der eine ganze Reihe Privilegien zustehen: automatische Wichtigkeit, eingebaute Vorfahrt im Straßenverkehr, Mecker- und Zusammenstauch-Recht etc.

9. Denken Sie immer daran, dass Kollegen Konkurrenten sind, dass Mitarbeiter meistens an Ihrem Stuhl sägen, Vorgesetzte Sie sowieso nur ausbeuten wollen und Kunden oder Klienten per se unverschämt oder blöd sind.

10. Privatleben ist für wirklich wichtige Menschen überflüssig wie ein Kropf. Deshalb sollten Sie Kontakte mit dem Partner, mit Familie, Freunden – so Sie diese überhaupt haben – auf ein Minimum reduzieren.

Was hier als Satire mit einem ironischen Augenzwinkern daherkommt, ist in manchen Bereichen leider sehr viel realer, als man wahrhaben will.

Die Gefahr der Dehumanisierung

Menschen, die vom Ausbrennen bedroht sind, entwickeln nicht nur negative Einstellungen sich selbst und ihrer Arbeitsleistung gegenüber, sondern auch gegenüber anderen Menschen. Sie entdecken bei sich selbst Grade von Kälte und Niedrigkeit, die sie nie für möglich gehalten hätten.

Angehörige helfender Berufe zum Beispiel entwickeln dehumanisierende Einstellungen zu den Menschen, denen sie eigentlich helfen sollen: »Wenn es mir schlecht geht, warum soll es dem anderen besser gehen?«

Menschen, die diesem Prozess der Dehumanisierung verfallen, verlieren allmählich die Fähigkeit, die persönliche Identität ihrer Mitmenschen wahrzunehmen, sprechen immer weniger auf sie an und behandeln sie, als wären sie keine Menschen.

Ein Teufelskreis entsteht: Wer andere Menschen dehumanisiert, erlebt selbst weniger Gefühle. Einfühlung und Empathie gelingen immer weniger. Auf diese Weise dehumanisiert man sich selbst.

SOS für Engagierte

Das Tragische und Unheimliche beim Burnout: Es sind gerade die engagierten Menschen, die ausbrennen – diejenigen, die ihren Beruf als Berufung sehen und Ideale mit ihrer Berufstätigkeit verbinden: erst Feuer und Flamme und dann ausgebrannt wie ein Strohfeuer. Vom lichterloh brennenden Herzen bleibt dann ein kleines Aschehäufchen aus Resignation und Sinnlosigkeit, aus Depression und Aggression oder vielleicht auch nur der blanke Zynismus. Die Dickfelligen und Ignoranten, die ihren Beruf immer nur als Job betrachtet haben, als Broterwerb oder um einen Rentenstatus zu erwerben, die scheinen weniger gefährdet.

Aber mal ehrlich: Wer möchte schon so leben und arbeiten, ohne Engagement und Ideale? Ist es denn nicht besser, sich zu engagieren, aber genau darauf zu achten, wann die ersten Burnout-Anzeichen auftauchen, und dann gegenzusteuern?

So gesehen hat Burnout eine wichtige Funktion: Es ist ein SOS-Signal aus dem Inneren, das uns darauf hinweist, dass wir nicht so weiterleben und weiterarbeiten können. Denn natürlich muss der Prozess nicht zwangsläufig in dem Endstadium der Verzweiflung münden. Man kann sensibel für Burnout-Prozesse werden und lernen frühzeitig gegenzusteuern.

Wer ist gefährdet?

Burnout-gefährdet sind Menschen in allen Berufsgruppen (vor allem aber Berufe mit vielen Sozialkontakten) und jeglichen Alters:

Der *Berufseinsteiger*, der seine Karriere allzu sehr ins Zentrum seines Strebens rückt, Partnerschaft und soziale Beziehungen zu sehr vernachlässigt, ist ebenso gefährdet wie der *Mitarbeiter in der mittleren Lebensphase*, wenn die Zwischenbilanz des Berufslebens allzu rigoros ausfällt oder der nächste Karriereschritt verbaut ist.

Und auch der »Best-« oder *Silver Ager«*, der über 50-Jährige gehört zur Burnout-Risikogruppe – vor allem dann, wenn er »noch so viel vorhatte«, das plötzlich nicht mehr realisierbar erscheint, weil die eigene Leistungsfähigkeit merklich nachlässt und man den Atem der »Nachrücker« schon im Nacken zu spüren scheint, die nur auf den nächsten Fehler und auf den freiwerdenden Posten hoffen.

CFS und »Karoshi«

Es gibt noch Steigerungen von Burnout, vor allem in den Spätphasen: Das Chronic Fatigue Syndrome (CFS – chronisches Erschöpfungssyndrom) ist charakterisiert durch eine anhaltende körperliche und geistige Erschöpfung mit einer beträchtlichen Leistungsminderung, die mindestens sechs Monate ohne Besserung besteht und nicht einfach durch Ruhe und Schonung zu beheben ist. Im englischsprachigen Bereich wird Burnout etwas anders gefasst und oft als CFS bezeichnet.

Die Symptome können sehr unterschiedlich sein – von Schlafstörungen, Kopf-, Glieder- und Muskelschmerzen über Lymphknotenschwellungen und chronisch erhöhter Temperatur bis hin zu Sehstörungen, starken Konzentrations- und Denkstörungen oder gar Nervenzusammenbrüchen. Das gesamte Abwehrsystem ist am Boden.

Meist gehen damit massive Ängste und Depressionen einher: Nichts geht mehr, alles ist blockiert. Mitunter bevölkern Selbstmordgedanken das Erleben des Patienten.

Und diese Erkrankung scheint – obwohl es keine statistischen Erhebungen darüber gibt – in einem solchen Maße zuzunehmen, dass die Bundestagsfraktion der Grünen dazu sogar eine Anfrage in den Deutschen Bundestag einbrachte.

Und es geht noch eine Nummer härter: »Karoshi« nennen es die Japaner, wenn sich jemand regelrecht zu Tode arbeitet. »Karoshi« ist vor allem bei japanischen Männern zu finden, die über Jahre hinweg täglich 12 bis 16 Stunden arbeiten. Die meisten der jährlich weit mehr als 1000 Opfer dieser Krankheit sind zwischen 40 und 50 Jahre alt und hatten offenbar vorher keine größeren gesundheitlichen Probleme – oder sie haben solange darüber hinweggearbeitet, bis der Körper die endgültige Bremse zog.

Keiner kann ganz sicher sein

Denken Sie nicht, es passiert immer nur den anderen. Keiner kann ganz sicher sein, dass es ihm nicht passiert. Besonders gefährdet sind Personen, die sich vor allem über ihren Beruf und ihre berufliche Stellung definieren. Wenn man sein Selbstwertgefühl hauptsächlich aus seiner Arbeit bezieht, dann ist der Verlust des Arbeitsplatzes oder der Arbeitsfähigkeit so, als würde man demjenigen den Boden unter den Füßen wegziehen.

Wenn sie vorgesorgt haben, fallen zwar viele auf der Karriereleiter nicht ins Bodenlose – vielleicht weil sie abgefedert sind durch einen »goldenen Handschlag« oder ein angespartes finanzielles Polster –, sondern zumindest äußerlich gesehen relativ weich. Der innere Absturz ist für die Betreffenden jedoch oft katastrophal – vor allem, wenn die Arbeit der zentrale oder gar einzige Lebensinhalt war.

Deshalb ist es wichtig, sich auf solche Eventualitäten vorzubereiten und vielleicht in Gedanken oder mit einem Berater einmal durchzuspielen, »was passieren würde, wenn ...« Es ist hilfreich, für solche Fälle einen Notfallplan bereit zu haben (mehr dazu siehe: Die Säulen der Identität, Seite 160).

Hilfen: Was tun gegen Burnout, CFS und »Karoshi«?

Nach wie vor und auch – vor allem – in Krisenzeiten wichtig für die Unternehmen und Organisationen ist es, Weiterbildung, Coaching und Supervision anzubieten. Unabhängig von aktuellen Umständen oder Problemen gilt es, ein möglichst positives Klima in der Firma, der Schule oder Einrichtung zu schaffen; dazu gehört auch, soziale Unterstützung beispielsweise durch regelmäßige Besprechungen unter Kollegen beziehungsweise im Team zu ermöglichen.

Soziale und berufliche Netzwerke können genutzt werden, um sich auszutauschen und auf etwaige Schwierigkeiten schon im Anfangsstadium zu reagieren.

Für den Einzelnen ist es entscheidend, sich zuerst einmal des Problems in seiner vollen Tragweite bewusst zu werden, die Verantwortung dafür zu übernehmen und neue Lösungswege zu suchen.

Besonders wichtig ist die räumliche und innerliche Abgrenzung: Jede/r Betroffene muss selbst bestimmen, welches Maß an Engagement im Job sinnvoll und angemessen ist.

Es sollte im Job genügend Auszeiten, Zeiten zum Abschalten geben – und man sollte sich diese auch nehmen. Schließlich ist es nötig, eine klare Grenze zwischen Arbeit und Freizeit zu ziehen. Ziel sollte sein, immer mal wieder auf Distanz zur Arbeit zu gehen: Es ist besser, im Beruf aufzugehen, als darin unterzugehen.

Wichtig sind dabei vor allem auch Sozialkontakte außerhalb des Berufs.

Insgesamt beschreibt das Stichwort »Selbstpflege« am besten, was man tun sollte – nämlich all dem, was den eigenen Bedürfnissen, Wünschen und Träumen entspricht, genug Raum in seinem Leben zu geben.

Zum Weiterdenken

- Raus aus der »Jammerdepression«: Es ist besser, ein Licht anzuzünden, als über die Dunkelheit zu klagen. (Chinesisches Sprichwort)
- Denke besser früher an später: Vorsorge ist die schönste Sorge.

Kleine Tipps

- Unterscheiden Sie zwischen
  - Veränderungs*notwendigkeit* (was muss wirklich verändert werden?),
  - Veränderungs*willigkeit* (wie steht es um meinen ernsthaften Wunsch nach Veränderung?)
  - und Veränderungs*fähigkeit* (wie gut bin ich in der Lage, wirklich mich/etwas zu verändern?)
- Planen Sie umsichtig und erledigen Sie Unangenehmes zuerst.
- Entrümpeln Sie Ihren Terminkalender: Setzen Sie Grenzen.
- Setzen Sie Prioritäten: Unterscheiden Sie Wichtiges, Dringendes, langfristig Sinnvolles und Dinge, die Sie aus Spaß oder für andere tun, von allem anderen. Denn alles andere ist Zeitvergeudung und vernachlässigbar.
- Weg vom übersteigerten Perfektionismus: 80 Prozent sind genug.
- Wer arbeitet, macht Fehler: Nehmen Sie Fehler gelassen, lernen Sie aus Ihren Fehlern und denen anderer, und optimieren Sie Ihre Arbeit.
- Lernen Sie zu delegieren und »outzusourcen«.
- Schreiben Sie Ihre Wunschliste, wählen Sie daraus realistische Ziele und machen Sie zur Umsetzung einen Dreijahresplan, den Sie monatlich checken: Bin ich noch auf der richtigen Spur?

Zum Weiterlesen

Burisch, M.: Das Burnout-Syndrom. Berlin, Heidelberg, New York 1994 (2. Auflage)

Zum Weiterklicken

www.kompetenznetz-depression.de
Das Kompetenznetz Depression ist ein bundesweites
Netzwerk zur Optimierung von Forschung und Versorgung im Bereich depressiver Erkrankungen. Das Projekt
wird gefördert vom Bundesministerium für Bildung und
Forschung (BMBF); unter anderem moderierte Online-
Foren zu Depression/Burnout.

http://www.roeher-parkklinik.de/boss_fragebogen.html
Online-Fragebogen zu Burnout/beruflichen und familiären Belastungen:
BOSS ist ein klinisches Verfahren, welches wissenschaftlich genutzt und ausgewertet wird. Es basiert auf jahrelanger klinischer Erfahrung. Andere Online-Angebote sind
oft kurz, aber wenig aussagekräftig für den Einzelnen.
BOSS hebt sich ab. Es umfasst viele und detaillierte Fragen, die die Grundlage für eine individuelle und wissenschaftlich fundierte direkte Auswertung darstellen

www.hilfe-bei-burnout.de
Relativ umfangreiche Seite mit vielen Artikeln, unterschiedlichen Tests, Hilfemöglichkeiten, Anlaufstellen usw.

Adressen

Fatigatio e.V. (CFS), Postfach 410261, 53024 Bonn,
  Tel.: 0228/660233
NAKOS, Albrecht-Achilles-Straße 65, 10709 Berlin,
  Tel.: 030/89140
SEKIS, Lothar Straße 95, 53115 Bonn, Tel.: 0228/9145917

Das große Gähnen:
Boreout-Syndrom

Als Pendant zum Burnout, also dem Stress durch Überforderung, schwirrt seit einiger Zeit ein ganz ähnlich klingender Begriff durch die Lande: *Boreout*, der Stress durch Unterforderung. Boreout bedeutet so viel wie Stress durch übermäßige Langeweile. Auch Boreout – so die Verfechter des Boreout-Syndroms – kann krank machen.

Unter dem Boreout-Syndrom leiden Menschen, die an ihrem Arbeitsplatz permanent unterfordert sind und sich deswegen langweilen. Als Ergebnis von Boreout entwickeln gelangweilte Arbeitnehmer anscheinend Techniken, um gestresst *zu erscheinen*. Sie arbeiten nicht, sie tun nur so, als ob. Denn ein gefüllter Terminkalender, ein überbordender Schreibtisch und eine volle Aktentasche sind bei uns schließlich hoch angesehen und ein Zeichen von Wichtigkeit. Deshalb wird Stress heutzutage oftmals übertrieben dargestellt. Wer gibt schon gerne zu, bei seiner Arbeit unterfordert zu sein?

Viele Mitarbeiter sitzen nur scheinbar vertieft in ihre Arbeiten an ihrem Arbeitsplatz. Dadurch, dass sie gut in der Lage sind, sich Arbeit vom Hals zu halten, haben sie freie Zeit, die sie für persönliche Interessen nutzen. Allerdings immer nur im Internet surfen und private Korrespondenz erledigen ist selten über eine längere Zeit interessant. Allmählich schleicht sich Langeweile ein, und Gefühle von Unterforderung machen sich breit.

Boreout-gefährdet sind vor allem Arbeitnehmer, die ihre Aufgaben und deren Pensum nach einem festen Plan erledigen müssen. Betroffen sind oft auch Personen, die eine Tätigkeit ausüben (müssen), die sie eigentlich nicht für sinnvoll halten oder die ihnen weder Spaß macht noch ihre Leidenschaft oder ihren Tatendrang weckt und die man zum Beispiel ausschließlich wegen des Geldes macht.

Stress durch Langeweile

Viele durch Überarbeitung gestresste Mitmenschen glauben, es sei sicher super, bei der Arbeit nichts zu tun zu haben. Aber das Gegenteil ist der Fall: Das Absitzen von Stunden, in denen man nichts zu tun hat und einfach auf den Feierabend wartet, ist oftmals der blanke Horror.

Den Wunsch, im Beruf weniger arbeiten zu müssen, kennen zwar viele, aber das ist nicht mit einem Boreout gleichzusetzen. Schließlich führt eine chronische Unterforderung eher zu mehr als zu weniger Stress. Der Arbeitsplatz wird so etwas wie ein Wartezimmer, das sich zunehmend aufheizt und dadurch immer unangenehmer wird. Das führt dann dazu, dass man zweimal in der Minute auf die Uhr schaut, in der Hoffnung, dass es doch endlich vorbei sein möge. Und irgendwie beschäftigt man sich dann doch. Beispiele:

- Hochkonzentriert hackt die Kollegin auf ihrer Tastatur herum, und jeder denkt: Bloß nicht stören, die arbeitet ganz intensiv. Die Realität: Die Kollegin schießt virtuelle Moorhühner, weil sie sonst nichts zu tun hat.
- Ein Konferenzraum wird einmal in der Woche gebucht. Man trifft sich dort mit Kollegen und plaudert über Autos, Familie, Urlaube, Fußball. Arbeit ist höchstens ein Thema, wenn ein Fremder dazukommt.

> »Ich komme morgens ins Büro und weiß nicht, wie ich die Stunden rumkriegen soll. Wir haben etwa 100 Mitarbeiter in der Behörde, die Arbeit könnte locker von 20 erledigt werden. Natürlich geben sich alle zutiefst beschäftigt. Ich lese private Bücher im Büro«, berichtet ein promovierter Jurist in einem Internet-Forum.

Boreout-Eldorados

Boreout ist vor allem ein Phänomen der Dienstleistungs-
gesellschaft. In Berufen, in denen man Resultate liefern
muss, kommt Boreout kaum vor. Ein Handwerker kann
nur sehr begrenzt so tun, als ob er arbeiten würde, er muss
etwas Vorzeigbares erarbeiten. Ein Bauer kann nicht nur
so tun, als ob er Kartoffeln säen, den Acker umpflügen
oder Getreide dreschen würde. Er macht es. Und auch
dort, wo sehr hohe, konkrete Arbeitsanforderungen, eng-
maschige Erfolgskontrollen und Leistungsnachweise die
Regel sind, tritt selten Boreout auf. Die Schweizer Unternehmensberater Peter Werder und Philippe Rothlin, die
Autoren von »Diagnose Boreout«, sagen knapp: »In Berufen, in denen man liefern muss und nicht nur labern kann,
kommt Boreout selten vor.«

In Behörden, Institutionen und großen Konzernen dagegen sprießt die geordnete Langeweile. Vor allem in Ver-
waltungen, in Büros, im Back-office-Bereich scheint mitunter die gepflegte Langeweile verbreitet zu sein.

Nach einer Umfrage des Gallup-Instituts in Potsdam
finden nur 15 Prozent der Deutschen ihre Arbeit wirklich
befriedigend. 69 Prozent machen immer »Dienst nach
Vorschrift«, das heißt sie tun nur das, was unbedingt nötig
ist, und sie täuschen Arbeit vor. In der gleichen Studie
wurde festgestellt, dass in Deutschland 77 Prozent aller
Beschäftigten keine oder nur eine geringe emotionale Bin-
dung an ihr Unternehmen haben. Die Ursache wird unter
anderem darin gesehen, dass diese Leute nicht die Stellung
im Unternehmen haben, die zu ihnen passt. Und in den
USA gab ein Drittel der Befragten einer Studie (an mehr
als 10 000 Arbeitnehmern) an, bei der Arbeit unterfordert
zu sein. Deshalb erledigten sie pro Tag knapp zwei Stunden private Dinge am Arbeitsplatz. So selten scheint Boreout also gar nicht zu sein.[23]

Unterfordert und gestresst, nicht faul

Wichtig: Boreout ist nicht identisch mit Faulheit. Denn die Ursache für Langeweile ist nicht in erster Linie Faulheit. Boreout-Kandidaten schlittern allmählich in die Faulheit hinein. Sie sind nicht faul, sondern sie werden faul gemacht, indem man sie chronisch unterfordert: Der Job bietet keine Herausforderung, man muss täglich das Gleiche tun, oder zu viele Mitarbeiter sind für eine Aufgabe zuständig. Wer faul ist, will nicht arbeiten. Wer unterfordert ist, will arbeiten, aber die Firma lässt ihn nicht.

Das Boreout-Syndrom setzt sich aus drei Elementen zusammen:

- *Unterforderung:* Damit wird das Gefühl beschrieben, mehr leisten zu können, als von einem gefordert wird. Das kann sich sowohl auf die Quantität (nicht mengenmäßig genug Arbeit) beziehen als auch auf die Qualität (einfachste Arbeiten, die zu wenig oder überhaupt nicht herausfordernd sind).
- *Desinteresse:* Hierbei steht die fehlende Identifikation mit der Arbeit oder dem Unternehmen im Vordergrund (Egal-Haltung).
- *Langeweile:* Hier geht es um Lust- und Ratlosigkeit, weil man nicht weiß, was man tun soll.

Merkmale und Symptome

Unterforderung stellt wie die Überbelastung ein ernst zu nehmendes Extrem in der Arbeitswelt dar.

- Boreout-Gefährdete verlieren allmählich das Interesse an der Arbeit.
- Sie verbunkern sich am Arbeitsplatz und merken erst mit der Zeit, wie leicht es ist, sich ans Nichtstun zu gewöhnen, ohne dass es auffällt.

- Sie tun nur noch so, als ob sie arbeiteten.
- Sie entwickeln Strategien, die signalisieren sollen: »Ich arbeite.«
- Sie merken meist sehr spät, wie schlimm es steht – und es dauert oft noch einige Zeit, bis sie es sich und anderen eingestehen können.

Symptome des Boreout sind zum Beispiel Müdigkeit, schlechte Laune, Leeregefühle, Lethargie, Leidenschaftslosigkeit, Langeweile durch Unterforderung, Identifikationsprobleme mit der eigenen Arbeit, Lustlosigkeit.

Gefühlte Unfähigkeit

Mit der Zeit fühlen sich die Boreout-Kandidaten generell ungebraucht und immer leerer. Klar, dass die meisten Boreout-Opfer dann versuchen, die freie Zeit auf ihre eigene Weise zu nutzen; statt nur rumzusitzen beschäftigen sie sich mit Privatem: Internet-Surfen, Telefonate, Zeitung lesen und Smalltalk mit Kollegen. Oder sie basteln mehr oder weniger sinnvoll an schon fertigen Projekten rum. Motto: »Baue auf und reiße nieder, dann hast du Arbeit immer wieder.«

Allerdings ist das wohl auch wegen der fehlenden Sinnhaftigkeit extrem kräftezehrend. Und je länger das andauert, umso mehr fehlt die Kraft zur Überwindung der chronisch gewordenen Unterforderung. So entwickelt sich ein Muster der »gefühlten Unfähigkeit«. Und zukünftige Aufgaben, die man früher schnell und effektiv erledigt hat, sind plötzlich riesige Barrieren.

Oft entwickeln Boreout-Opfer – mehr oder weniger bewusst – ihre eigenen Verhaltensstrategien, um bei der Arbeit ausgelastet zu wirken, sich gleichzeitig zusätzliche Arbeit vom Leibe zu halten und den Job nicht zu verlieren.

Denn während jemand, der unter Burnout leidet, tatsächlich belastenden Stress erlebt, täuschen unterforderte Arbeitnehmer dies oft nur vor.

Künstliche Auslastung: Boreout-Strategien

Die Unternehmensberater Peter Werder und Philippe Rothlin haben in ihrem Buch »Diagnose Boreout« acht Strategien zusammengetragen:

Dokumentenstrategie: Wenn man vor seinem Computer sitzt, im Internet surft und zum Beispiel den nächsten Urlaub plant und der Chef vorbeikommt, wechselt man einfach die Bildschirmansicht mit einem einfachen Tastenbefehl auf ein geschäftliches Dokument.

Lärmstrategie: Diese Strategie wird benutzt, wenn man merkt, dass man wieder mal ein Lebenszeichen von sich geben sollte. Man öffnet zum Beispiel eine E-Mail und tippt wahllos auf der Tastatur herum. Alternativ: Ein Blatt Papier nehmen und mit einem dicken Filzstift, der ein unüberhörbares Geräusch macht, etwas schreiben oder malen. Ziel: Lärm machen und den Eindruck hinterlassen, man sei fleißig am Arbeiten.

Die Komprimierungsstrategie: Komprimieren bedeutet, man arbeitet voll konzentriert und effizient. Bei dieser Strategie versucht man also, eine übertragene Aufgabe so schnell wie möglich zu erledigen. Ist man damit fertig, teilt man das jedoch nicht mit, sondern nutzt die gewonnene freie Zeit für private Dinge, während der Chef denkt, man sei weiterhin mit der Aufgabe völlig ausgelastet.

Pseudo-Commitment-Strategie: Man täuscht eine hohe Identifikation mit dem Unternehmen vor. Am einfachsten geht das über eine mehr oder weniger sinnlose Verlängerung der Präsenzzeit im Büro. Wer als Erster am Morgen anwesend ist und am Abend als fast Letzter geht, erweckt den Eindruck, viel zu tun zu haben und sehr fleißig zu sein. Schließlich fällt nämlich nichts negativer auf, als spät am Morgen als Letzter zu kommen und früh am Abend als Erster wieder zu gehen. Diese Strategie beeindruckt auch die, die selbst noch länger arbeiten. Diese Kollegen leiden übrigens entweder selbst auch am Boreout-Syndrom oder sie sind Opfer des Burnout und meinen es mit ihrer Präsenz ernst. Die Pseudo-Commitment-Strategie gehört in vielen Unternehmen zum guten Ton.

Flachwalzstrategie: Hier wird die Arbeit auf eine viel längere Zeit verteilt, als dafür eigentlich nötig wäre. Ideal für diese Strategie sind besonders langfristige Projekte. Die Zeitspanne, innerhalb deren eine Aufgabe erledigt sein muss, wird – eigentlich ohne Not – vollständig ausgeschöpft. Dokumente werden hin- und hergeschoben und immer wieder ein wenig ergänzt. Oder sie liegen tage-, wochen- oder monatelang auf dem Tisch, ohne dass man sich wirklich darum kümmert. Immer mal wieder widmet man sich der Arbeit ein wenig, um etwas vorweisen zu können. Damit vermittelt man, ausgelastet zu sein und keine Zeit für zusätzliche Aufgaben zu haben. Damit die Strategie am Ende erfolgreich ist, muss das Arbeitsergebnis dann aber auch rechtzeitig und in erwarteter Qualität abgeliefert werden.

Die strategische Verhinderung: Ziel hierbei ist es zu verhindern, dass jemand Maßnahmen ergreift, durch die man zum sofortigen Handeln gezwungen wäre. Dadurch soll der Zeitpunkt der Arbeitserledigung manipuliert werden. Es werden eventuelle Verzögerungen im Arbeitsprozess provoziert und Verzögerungen werden auf andere abgeschoben. Wenn man etwas erledigen muss, dazu aber einfach keine Lust hat oder dieser Job einen nicht interessiert, ruft man zum Beispiel einen Kollegen immer dann an, wenn man weiß, dass er abwesend ist. Durch das Ausrichten eines Grußes (etwa bei einer Kollegin) dokumentiert man dann die Bereitschaft, an dem Projekt weiterarbeiten zu wollen – ohne es tatsächlich zu tun.

Aktenkofferstrategie und HOL: Mit dieser Strategie kann man kommunizieren, dass die Arbeit eines Tages wegen zu viel Stress liegengeblieben ist und abends zu Hause erledigt wird. Gleichzeitig täuscht man vor, dass einem die Arbeit so wichtig ist, dass man sogar seine Freizeit dafür einsetzt. Damit demonstriert man Interesse und enge Verbundenheit mit dem Unternehmen. Eine solche Verbindung nennt man den Home-Office-Link (HOL). Und man macht den Vorgesetzten glauben, dass man eine wichtige Position innehat, weil nur wichtige Leute sogar abends noch arbeiten müssen. Der Vorteil dieser Strategie ist, dass Kontrolle nahezu unmöglich ist.

Pseudo-Burnout-Strategie: Hier zeigt man explizit, dass man vor lauter Arbeit zusammenbrechen würde, wenn man sich jetzt auch noch um eine zusätzliche Aufgabe kümmern müsste. Man spricht seine Überlastung offen an und heimst jede Menge Mitleid ein.

Ist jeder Boreout-gefährdet?

Sicher ist es nicht so, dass ausschließlich der Arbeitgeber am Boreout seiner Mitarbeiter schuld ist. Oft wird der Grundstock für ein Boreout schon bei der Berufswahl gelegt. Und mitunter ist Boreout das Ergebnis einer misslungenen Arbeitsbiografie: Wenn ich mir nicht ausreichend klar darüber bin, was für eine Ausbildung ich wähle, ob dieser Beruf wirklich zu mir passt, ob ich ihn (vielleicht lebenslang) ausüben kann, dann muss ich mich nicht wundern, dass ich am falschen Arbeitsplatz lande.

Wenn man eine Ausbildung wählt, die einen im Grunde nicht interessiert, oder in einem Unternehmen arbeitet, das einen nicht fordert, kann das sowohl zu einem Boreout, aber auch zu einem Burnout führen. Beide sind Kehrseiten der gleichen Medaille.

Was tun, wenn man unter Boreout leidet?

Die beste Vorbeugung ist sicher, wenn man eine Arbeit findet und ausübt, die einem Freude bereitet, wenn man jeden Tag also das Gefühl hat, wieder arbeiten gehen zu dürfen – und nicht zu müssen. Die Boreout-Autoren Peter Werder und Philippe Rothlin raten, schon bei der Jobsuche auf den qualitativen Lohn einer Arbeit zu achten. Gemeint ist damit, dass Arbeit Spaß machen soll, aber auch, dass man, um einem Boreout vorzubeugen, die Kombination von den drei Elementen Sinn, Zeit und Geld im Blick haben sollte: »Die Arbeit soll erstens, wenn immer möglich, *Sinn* stiften. Dieser Sinn ist individuell zu entdecken, wobei natürlich auch dem Vorgesetzten eine zentrale Rolle zukommt. Zweitens muss die Arbeitszeit angemessen mit herausfordernder und interessanter Arbeit ausgefüllt sein; das ist der qualitative Aspekt von *Zeit.* Zudem sollte man nicht zu viel arbeiten und einen Ausgleich finden zwischen Arbeitszeit und Freizeit. Damit wird der quantitative Aspekt der Zeit abgedeckt. Man nennt dies auch Work-Life-Balance. Schließlich ist, drittens, das Element *Geld* zentral. Man soll seinen Lohn möglichst maximieren, dabei aber Vorsicht walten lassen. Denn wer sich nur am monetären Lohn orientiert, läuft Gefahr, sich für eine Arbeit nur deswegen zu interessieren, weil sie so gut bezahlt ist, und nicht, weil sie ihn wirklich interessiert. Die Kombination dieser drei Elemente nennen wir den ›Qualitativen Lohn‹.«[24]

Boreout: Wie gefährdet sind Sie?

Nur durch ehrliche Selbstbeobachtung können Sie herausfinden, ob Sie Boreout-gefährdet sind oder schon mittendrinstecken. Deutlichstes äußeres Kennzeichen ist, wenn Sie ständig private Dinge während Ihrer Arbeit erledigen und wenn Sie häufig nur so tun, als ob Sie arbeiten würden und vollkommen überlastet seien, obwohl das gar nicht der Fall ist. Auch wenn Sie oft unzufrieden mit Ihrer Arbeit sind, sich eigentlich für ihre Arbeit gar nicht interessieren, sich mehr Sinnhaftigkeit wünschen und schon mal an einen Wechsel denken, kann das ein Boreout-Anzeichen sein. Das werden Sie allerdings nur herausfinden, wenn Sie zur Einsicht bereit sind – und damit auch zu Veränderung.

Kleine Tipps

- Überlegen Sie, wie Sie Ihre Arbeit interessanter gestalten können. Suchen Sie sich Aufgaben, denen Sie gewachsen sind und an denen Sie gleichzeitig wachsen können, die also Herausforderungen sind. Sprechen Sie eventuell mit Ihrem Vorgesetzten darüber.
- Im Notfall bleibt die Überlegung, einen anderen Job zu suchen.
- Fragen Sie sich, weshalb Sie in diesem Unternehmen arbeiten, was Sie wirklich dort hält und ob es wirklich keine Alternativen gibt.
- Boreout kann ein Punkt sein, genau zu überdenken, was man selbst eigentlich will.

Zum Weiterlesen

Rothlin, P., Werder, P. R. : Diagnose Boreout. München 2007

Zum Weiterklicken

www.boreout.com

»Du brauchst keine Feinde, wenn du Kollegen hast«: Mobbing

Jenseits aller schönen Sprüche, Unternehmensleitbilder und Feiertagsreden sieht die Realität in vielen Unternehmen ganz anders aus. Je schlechter die Zeiten, je schlechter die Zahlen, desto schlechter ist oft das Betriebsklima, und je höher der Arbeitsdruck, je desorientierter und verwirrter die Mitarbeiter, umso mehr entwickelt sich Mobbing – Psychoterror am Arbeitsplatz.

Mobbing nach Leymann

Mobbing wurde und wird so umfassend in der Literatur und Öffentlichkeit diskutiert, dass hier eine – im Verhältnis zur Brisanz und Häufigkeit – nur kurze Darstellung der Merkmale und Ausprägungen genügen wird.

Mobbing ist die konfliktbelastete Kommunikation am Arbeitsplatz zwischen Kollegen oder zwischen Vorgesetzten und Mitarbeitern, bei der die angegriffene Person unterlegen ist und von einem oder mehreren anderen systematisch und über längere Zeit (mindestens einmal pro Woche, ein halbes Jahr lang) mit dem Ziel und/oder dem Effekt des Ausstoßes angegriffen wird.

Der deutsch-schwedische Arbeitspsychologe und Betriebswirt Heinz Leymann hat das Wort »Mobbing« 1982 geprägt. Er unterscheidet fünf Formen des Mobbing:

1. Angriffe auf die Möglichkeit einer Person, sich mitzuteilen,
2. Angriffe auf die sozialen Beziehungen,
3. Angriffe auf das soziale Ansehen,
4. Angriffe auf die Qualität der Berufs- und Lebenssituation,
5. Angriffe auf die Gesundheit.

Diesen Formen ordnete Leymann 45 Handlungsbeschrei-
bungen zu von ständigen Unterbrechungen, Anschreien
und Schimpfen, Telefonterror, Versetzungen, Gerüchte
verbreiten, sich lustigmachen, falsche Beurteilung, sinnlose oder kränkende Arbeitsaufgaben, Zwang zu gesund-
heitsschädlichen Arbeiten bis hin zu Androhung körperlicher Gewalt und sogar körperlicher Misshandlung.

Mobbing-Arten

Leymann unterscheidet in seinem Standardwerk »Mobbing – Psychoterror am Arbeitsplatz« Mobbing auf gleichem Niveau (eine Person wird von Kollegen terrorisiert,
44 Prozent der Fälle), Bossing (der Vorgesetzte ist der Täter), gleichzeitiges Mobbing und Bossing (wenn Vorgesetzte und Kollegen zusammen gegen eine Person agieren)
und Staffing (Mitarbeiter gegen Vorgesetzte). Er stellte bereits fest, dass Vorgesetzte in 37 Prozent der Fälle die Täter sind, also bossen, und in 10 Prozent der Fälle Mittäter
sind, dass also Vorgesetzte in fast der Hälfte aller Fälle be-
teiligt sind.

Vom Kollegenscherz zum Psychoterror

Es fängt meist ganz harmlos an. Das kann ein kleiner
Streit unter Kollegen sein, der nicht offen ausgetragen
wurde. Es kann aber auch ein neuer Vorgesetzter sein, der
nach dem Motto »Neue Besen kehren gut« seine Abteilung auf Vordermann bringen will, den Stress erhöht und
dadurch einen »Blitzableiter« für die Abteilung notwendig macht. Oder ein neuer Kollege findet sich nicht in die
Besonderheiten der Arbeitsgruppe ein und wird vom Start
weg zum »schwarzen Schaf«. Vielleicht brauchen die
langjährig zusammenarbeitenden Kollegen auch einfach
nur einen »Sündenbock«, um ihr Mütchen zu kühlen für

die alltäglichen Niederschläge des Berufslebens oder den Stress.

Es kommt zu spitzen Bemerkungen, hier ein hinterhältiges Flüstern, da ein laut gesprochenes böses Wort, damit es die anderen mitkriegen. Hier eine geschickt ausgelegte Fußangel und ein hämisches Grinsen, wenn das Opfer hineintappt. Dort ein paar heimtückische Ränkespiele von unsichtbaren Fädenziehern oder ein paar heimliche Giftpfeile von Heckenschützen.

Gerade in Krisenzeiten suchen sich die gestressten und gestrietzten Mitarbeiter ihr Opfer für den kleinen Terror zwischendurch. Nein, nicht immer, aber immer öfter. Eine verschworene Betriebskampftruppe mit Guerillatechniken entsteht. So wird nach und nach der oder die Betroffene an den Rand gedrängt, ausgegrenzt oder in die Mangel genommen. Die Arbeitsgruppe zeigt dem Ausgegrenzten die kalte Schulter, er wird von oben herab behandelt. Man redet nicht mehr mit ihm, und wenn gelacht wird, dann hat er nichts zu lachen, weil häufig (offen oder verdeckt) über ihn gelacht wird. Die Signale heißen: Du gehörst nicht zu uns.

Was immer die Opfer kollegialer Schikane tun, sie haben kaum eine Chance. Sie sind gefangen in einer Art kafkaeskem Spinnennetz, jede ihrer Bewegungen macht alles noch schlimmer. Aus einem bestimmten Blickwinkel wirkt alles komisch, was sie tun. Entweder sie ziehen sich duckmäuserisch zurück, gehen in die »innere Emigration«, ihre Leistung sinkt und sie werden krank. Oder sie werden aggressiv und zum Störenfried. Wie eine sich selbst erfüllende Prophezeiung bestätigt sich die schon vorher abgegebene Stigmatisierung: Der ist nicht normal.

Der Teufelskreis ist entstanden, er etabliert sich – und ufert aus. So wird der Arbeitsplatz für sie zur Folterbank. Es wuchern allmählich die Vorurteile gegenüber den Opfern, in der ganzen Abteilung, im Unternehmen, bis alle wissen: Mit dem oder der stimmt was nicht. Also wird von allen auf ihnen rumgehackt, mitunter reiht sich auch Betriebsrat und Personalabteilung mit ein in die Riege der Täter. Motto: Der oder die muss weg. Vielleicht kommt es »nur« zur Versetzung ins »Betriebssibirien«, das einsame Büro am Ende des Flurs oder in die »Sackgassen-Abteilungen« mit miesem Tätigkeitsfeld und ohne Aufstiegschancen.

Schlimmer wird es, wenn man versucht, über Mobbing die Opfer zu drängen, selbst zu kündigen, was gar nicht so selten ist in Zeiten wie heute. Dann werden die Mobbing-Aktivitäten von der Betriebsleitung und der Personalabteilung nicht nur geduldet, sondern mitunter von ihr geschürt oder initiiert nach dem Motto: »Mach ihnen den Boden unter den Füßen heiß genug, dann springen sie von selbst ab.« Da dem Betrieb langwierige Arbeitsgerichtsprozesse und teure Abfindungen erspart bleiben, wenn der Mitarbeiter selbst kündigt, geht Henry Walter in seinem Buch »Mobbing: Kleinkrieg am Arbeitsplatz« davon aus, dass Mobbing die häufigste Form der indirekten Kündigung ist.

Führungsprobleme

Im Grunde kann man sagen, dass Mobbing-Prozesse fast immer einhergehen mit Führungsfehlern. Entweder haben die entsprechenden Manager diese Entwicklung nicht gemerkt oder sie haben sie geduldet. Im schlimmsten Fall haben sie das Mobbing selbst inszeniert oder heizen es an. Die deutschen Führungskräfte beziehen derzeit Prügel von allen Seiten – vor allem wegen der Führungsqualitäten der Manager. Und das bezieht sich auch auf ihren Umgang mit Mobbing-Prozessen.

Personale Faktoren

Eine bestimmte »Mobbing-Persönlichkeit« konnte in den einschlägigen Untersuchungen bisher nicht gefunden werden. Mobbing kann also prinzipiell jeden treffen. Allerdings konnten bestimmte Merkmale identifiziert werden, die Mitarbeiter in einer Gruppe, in welcher gemobbt wird, zu potenziellen Opfern machen. Dies sind andersartige, in irgendeiner Weise auffällige, besonders erfolgreiche oder neue Mitarbeiter. Zum Beispiel waren in einer Untersuchung von Leymann 22 Prozent der Behinderten einer gemeinnützigen Organisation Mobbing ausgesetzt, dagegen nur 4 Prozent der Nicht-Behinderten der Stichprobe. In einer anderen Studie waren männliche Erzieher doppelt so häufig Mobbing-Opfer wie ihre weiblichen Kollegen.

Auswirkungen von Mobbing auf die Betroffenen

Mobbing-Opfer leiden unter einer ganzen Reihe psychosomatischer Beschwerden, und das umso stärker, je länger die Mobbing-Attacken andauern. Zu den Symptomen gehören Leistungs- und Denkblockaden, Selbstzweifel, Versagens- und Schuldgefühle, Depressivität sowie körperliche Beschwerden (Schlafstörungen, Magen-Darm-Erkrankungen usw.). Nach Leymann entwickeln etwa drei Viertel aller Mobbing-Opfer ein posttraumatisches Belastungssyndrom. Dies geschieht nach etwa einem halben Jahr. Nach ein bis zwei Jahren fortgesetzten Drucks vertiefen sich die Symptome und gehen schließlich in chronische Verläufe über.

Konsequenzen von Mobbing: Verbreitung und Kosten

Mobbing hat anscheinend in den Industrienationen längst epidemische Ausmaße angenommen: Nach Untersuchun-

gen von Heinz Leymann in Schweden sind 3,5 Prozent aller Angestellten und Arbeiter irgendwann Mobbing-Opfer, in österreichischen Untersuchungen zeigten sich sogar
6 Prozent. In Deutschland geht man von einer Mobbing-
quote von 2,7 Prozent oder über eine Million Erwerbstätiger aus. Der Deutsche Gewerkschaftsbund (DGB) schätzt
die Kosten eines durch Mobbing bedingten Fehltages zwischen 103 und 410 Euro. Einer Studie des TÜV Rheinland
zufolge verursacht Mobbing in Deutschland jährlich geschätzte Kosten in Höhe von 15 Milliarden Euro.

Leymann hat die Kosten für das Wirtschafts- und Ge-
sundheitssystem pro Mobbingfall in einem Jahr auf 65 400
Euro geschätzt. Da die Übergänge zum erwiesenen Mobbing fließend und die Dunkelziffern hoch sind, gibt es
keine eindeutigen Zahlen. Zweifelsfrei wird es jedoch für
Unternehmen immer wichtiger, sich durch geeignete Prä-
ventions- und Interventionsinstrumente dagegen zu rüs-
ten, um Mobbing überhaupt nicht zuzulassen oder schon
im frühen Stadium einzugreifen. Für sie geht es darum,
wettbewerbsfähig zu bleiben und die Mitarbeiter zufrieden und leistungsfähig zu erhalten. Für die Menschen geht
es darum, gesund zu bleiben.

Mobbing: Prävention und Intervention

Mobbing-Handlungen entstehen in einem komplexen betrieblichen Systemzusammenhang. Auf einer bestimmten
betrieblichen Ebene (eines Teams, einer Arbeitsgruppe oder
in einer Abteilung) erfüllt Mobbing eine wichtige psychische Funktion (Orientierung, Machterhalt usw.). Mobbing
ist oft das Symptom unzureichend organisierter, kommuni-
zierter und überhasteter betrieblicher Wandlungsprozesse.

Damit aus (ungelösten) Konflikten keine Mobbing-
Handlungen werden, gilt es, Mobbing-begünstigende
Strukturen im Unternehmen zu erkennen und gegenwir-

kende Maßnahmen zu ergreifen. Objektive Hinweise auf
ein Betriebsklima, welches Mobbing begünstigt, können
sein: hohe Fluktuation und hoher Krankenstand, Häufung von Arbeitsgerichtsprozessen, Häufung von Ausfällen
und verbalen Entgleisungen, chronisch gewordene, laut-
starke Auseinandersetzungen, Häufung von Mitarbeiter-
Beschwerden (zum Beispiel beim Betriebs- beziehungsweise Personalrat). Mittlerweile gibt es eine Reihe von
Empfehlungen zur Gestaltung von Organisationsprozes-
sen, um Mobbing vorzubeugen. Eine besonders wichtige
Rolle in der Vermeidung von Mobbing spielen die Führungskräfte auf allen Ebenen eines Unternehmens. Diese
sollten daher sensibilisiert werden, dem Phänomen »Mobbing« möglichst früh auf die Spur zu kommen und es zu
verhindern, etwa in Form von Führungskräfteschulungen
zu Mobbing und zu Konfliktlösekompetenzen. Die Bun-
desanstalt für Arbeitsschutz und Arbeitsmedizin etwa hat
Schulungsmaterialien (Arbeitsmaterialien, Folien) erstellen
lassen, die sich für Seminare auf betrieblicher und über-
betrieblicher Ebene gut einsetzen lassen. In der Praxis bewährt haben sich auch Betriebsvereinbarungen zu Mobbing,
die einen Verhaltenskodex für die Mitarbeiter (klare Spielregeln für alle Beteiligten) enthalten sowie Maßnahmen, die
im Falle von Verstößen gegen den Verhaltenskodex ergriffen
werden.

Zum Weiterdenken

- In japanischen Unternehmen soll es für genervte Manager
  regelrechte »Trümmerzimmer« geben – Zimmer, in denen
  nicht nur die Führungskräfte ihre Aggressionen vertrei-
  ben können, etwa indem sie auf Puppen Bilder von Vorgesetzten heften können, auf die sie dann einschlagen.
- »Es ist schwieriger, eine vorgefasste Meinung zu zer-
  trümmern als ein Atom.« (Albert Einstein)

■ »Auge um Auge bedeutet nur, dass die Welt (allmählich) erblindet.« (Nach Gandhi)

Zum Weiterlesen

Dick, U.: Keine Angst vor Mobbingfallen. Mit schwierigen Situationen im Berufsleben umgehen. Frankfurt am
Main 2001

Leymann, H.: Mobbing. Psychoterror am Arbeitsplatz
und wie man sich dagegen wehren kann. Hamburg 1993

Panse, W. & Stegmann, W.: Kostenfaktor Angst. Wie
Ängste in Unternehmen entstehen. Warum Ängste Leistung beeinflussen. Wie Ängste wirksam bekämpft werden. Landsberg am Lech 1998

Stork, E.: Tatort Büro. Gegen die Zurichtung des Menschen im Büro. Weinheim und Basel 2004

Wyrwa, H.: Mobbt die Mobber! Survival-Guide für Mobbing-Opfer. Stuttgart 2003

Zum Weiterklicken

www.mobbingscout.de
Sehr umfassend, inklusive Listen von Beratungsadressen,
vielen Links usw. Aus der Homepage: Hier erhalten Sie
umfassende Informationen, Tipps und Adressen, wenn Sie
mit Mobbing konfrontiert sind. Mobbing ist eine Erscheinungsform unfairer Attacken unter anderen. Es gibt noch
etliche andere unfaire Attacken. So sieht es die Fairness-
Stiftung. Und: Unfaire Attacken sind meistens die Spitze
eines Eisbergs, die Spitze des Systems der Unfairness in
Unternehmen und Organisationen.

http://forum.mobbing-gegner.de
Wie der Name schon sagt – Forum für Mobbing-Gegner
und Betroffene.

3. Auswege und Hilfen: Innenweltschutz und Neuland

»Du schaffst es nur selbst,
aber (oft) nicht allein.«
Anonym

Viele Amerikaner sind in ihrer Einstellung zum Beruf sehr pragmatisch. Sie sagen: *Love it, change it or leave it* – liebe deinen Job, verändere ihn oder gehe. Manche Mitteleuropäer könnten sich von diesem Pragmatismus eine Scheibe abschneiden. In diesem Kapitel geht es vor allem um Chancen und Möglichkeiten der inneren und äußeren Veränderung.

Auf dem Schaukelpferd der Sonne entgegen?

Wenn man ernsthaft und langfristig erfolgreich eine Work-Life-Balance erreichen und erhalten will, ist der erste und wichtigste Schritt, die Träumerei zu beenden: Schluss mit »Hätte ich doch … wenn ich doch nur …« All diese selbstquälerischen Selbstgespräche, mit denen wir uns tagtäglich aus der Realität hinaus träumen und uns immer wieder beweisen, dass es *nicht* geht, dass wir es *nicht* schaffen: Schluss damit.

Die Psychologen sagen: Wenn man das Gefühl hat, man schafft es sowieso nicht, macht man die Diskrepanz zwischen »Real-Ich« und »Ideal-Ich« so groß, dass man gar nicht erst anfängt sie zu verringern. Stattdessen überlässt man sich immer neuen Tagträumen und denkt: »Morgen, ja, morgen fange ich an, dann wird alles anders ...« Eigentlich resigniert man vor den Problemen des (Berufs-) Alltags. Man reitet nur auf einem Schaukelpferd der Sonne entgegen – und kommt nie voran. Schluss damit!

Sich fordern, aber nicht überfordern

Die wichtigsten Dinge im Leben sind einfach – aber der Weg dorthin ist mitunter sehr schwer. *Theoretisch* ist es ja ganz leicht:

- Setzen Sie sich erreichbare Ziele.
- Unterteilen Sie diese in gangbare Etappen.
- Machen Sie einen Plan, der möglichst viele Eventualitäten (Schwierigkeiten, Hindernisse, Blockaden ...) mit einbezieht.
- Und dann kommt die Realitätsprobe: Das Loslaufen und eben nicht nur davon träumen. Jede Reise beginnt mit dem ersten Schritt.
- Und dabei Lernerfahrungen machen: Was lief gut? Wann war es schwierig? Wo bin ich in eine Sackgasse geraten? Wodurch habe ich mich ablenken lassen?
- Und das wichtigste: Optimierung. Was kann ich morgen besser machen? Eine Feedback-Schleife einbauen, nennt man das, nicht als Selbstzweck, sondern um immer besser zu werden.

Letzten Endes ist es wie beim Muskeltraining: Wenn man ernsthaft und regelmäßig trainiert, wachsen die Muskeln. Also trainieren Sie Ihre Work-Life-Balance-Muskeln.

Die *praktische Umsetzung* dagegen ist eher schwierig. Selbstdisziplin bekommt man nicht geschenkt, sondern man kann sie sich nur erarbeiten. Ein Kollege hat es mal so

ausgedrückt: »Glück ist (vor allem) eine Selbstüberwin-
dungsprämie.« Es gibt keinen Hintereingang zum Para-
dies und tatsächlich geschenkt bekommt man in dieser
Welt relativ wenig – weil man irgendwann und irgendwo
doch dafür zahlt.

Die Ziele, die man sich setzt, dürfen auch hoch sein, sie
dürfen Kraft, Hirnschmalz und Herzblut kosten. Sie sollen einen fordern, aber eben nicht überfordern.

Es ist gut, eine Art Leitstern zu haben, an dem man sich
orientiert, damit man weiß, wo auf seinem Lebensweg
man steht. Diesen Leitstern muss letztlich jeder in sich finden. Es lohnt sich, das unter einem psychologischen
Blickwinkel etwas genauer anzusehen.

Selbstwert:
Wie wir werden, was wir sind

Spannungsfeld

Im Grunde ist es so: Jede auch noch so kleine Entscheidung, die wir treffen, passiert in einem mehr oder weniger
bewussten Spannungsfeld, in dem vier Faktoren eine Rolle
spielen:

1. Die Entscheidung ist entweder *Spaß*-orientiert (Psychoanalytiker nennen diesen Teil unseres Seelenhaus-
   haltes Es). Die Frage dazu heißt: Wozu habe ich (jetzt)
   Lust?
2. Oder die innere oder äußere *Pflicht* steht im Vordergrund (Über-Ich): Was sollte ich tun?
3. Oder ich habe eine *Vision* und ein mehr oder weniger
   realistisches Ziel (Ideal-Ich): Was will ich eigentlich tun,
   wo will ich wirklich hin?
4. Oder ich stelle die *Begrenzung(en) der Realität* in den
   Vordergrund (Real-Ich): Was sind meine Grenzen?

Am besten stellt man dieses Spannungsfeld in einem Vier-
eck dar, in dem sich unsere Entscheidungen abspielen:

2. **Wie ich sein sollte**   3. **Wie ich sein will**
   (Über-Ich)   (Ideal-Ich)

1. **Wozu ich Lust habe**   4. **Wie ich bin**
   (Es)   (Real-Ich)

Beispiele:

Es: Lust auf Geld, Autos, Frauen, Männer ...

Über-Ich: Moralische Bedenken, die man unterdrücken muss, wenn man über Leichen geht ...

Ideal-Ich: Berühmt, erfolgreich sein ...

Real-Ich: Mit seinen Begrenzungen als einfacher Angestellter zufrieden sein ...

Dabei sind die inneren Bestrebungen und Impulse selten in Reinform vorhanden. Meistens sind es Mischungen oder Legierungen zwischen unterschiedlichen Anteilen in uns: Mal steht eher die Lust im Vordergrund, aber man vergisst die Pflicht nicht vollständig – zum Beispiel bei einer Urlaubsreise, die man mit einem beruflichen Kontakt verbindet. Mal ist die Vision der Schwerpunkt – man sitzt an seiner Doktorarbeit, die früher mal aus dem Interesse an dem Thema geboren wurde, und man merkt erst jetzt die Begrenzungen und Schwierigkeiten, die damit verbunden sind, und was man sich da aufgeladen hat.

Was es noch schwieriger macht: Manche dieser Bestrebungen sind uns bewusst und manche nicht, und von manchen haben wir nur eine halbbewusste Ahnung.

Hinzu kommt, dass die inneren Anforderungen, wie man selbst sein will, und die äußeren Anforderungen, wie man sich also nach der Meinung des Umfeldes verhalten sollte, mitunter weit auseinander liegen. Es ist wie ein Spagat: Je weiter die Beine auseinander stehen, umso schwerer ist die Situation auszuhalten. Das zeigt sich dann zum Beispiel in der oben erwähnten Diskrepanz zwischen Real- und Ideal-Ich, wo ich mir idealistisch sehr viel vorgenommen habe, dem aber nur sehr schwer in der Realität nachkomme.

Wenn man ständig über sich hinweggeht und sich so biegt und wendet, dass man den äußeren Anforderungen gerecht wird, kommt es zu Konflikten, sowohl innerlich als auch äußerlich. Um sich stabil zu halten, müssen alle vier Bereiche, also »Wer bin ich?«, »Wozu habe ich Lust?«, »Wie will ich sein?« und »Wie sollte ich sein?« berücksichtigt werden und auch zu ihrem Recht kommen. Und je nachdem, wie man diese Konflikte immer wieder für sich löst, entwickeln sich im Laufe der Lebensgeschichte bestimmte Muster, um mit den unterschiedlichen Anforderungen des Lebens und den eigenen Vorstellungen davon fertigzuwerden. Und diese Muster sind von Person zu Person mitunter sehr verschieden. Letzten Endes hängt es mit der Frage zusammen, wie wir so geworden sind, wie wir sind.

Man könnte auch sagen: Daraus bildet sich das, was man früher Charakter genannt hat. Heute spricht man eher von Persönlichkeit oder Identität. Und ein Teil davon ist die Berufsidentität.

Entwicklung unserer Identität

Noch ein bisschen Psychologie gefällig? Ein kleiner Exkurs: Einen Zusammenhang zwischen den Herausforderungen des Lebens und deren Bewältigung durch jeden Einzelnen hat der Psychoanalytiker Erik H. Erikson in seinem *Stufenmodell der psychosozialen Entwicklung* angenommen.

Erikson geht davon aus, dass sich die Entwicklung der Persönlichkeit eines Menschen im Spannungsfeld eigener Bedürfnisse und Wünsche einerseits sowie den Anforderungen der Umwelt andererseits entfaltet.

Die Anforderungen der Umwelt werden vom Individuum als Krisen erlebt – wobei Erikson den Krisenbegriff nicht negativ meint, sondern als Herausforderung. Die bei der Bewältigung einer Entwicklungskrise angesammelten Erfahrungen werden gebraucht, um die nächsten Identitätskrisen zu verarbeiten. Dabei wird ein Konflikt nie

Erikson: Die Phasen des Lebens und ihre Themen

Reife: Ich-Integrität vs. Verzweiflung — Weisheit

Erwachsenenalter: Zeugungsfähigkeit vs. Stagnation Fürsorge

Frühes Erwachsenenalter: Intimität vs. Isolierung — Liebe

Pubertät: Identität vs. Rollenkonfusion — Treue

Latenz: Leistung vs. Minderwertigkeitsgefühl — Kompetenz

Genital: Initiative vs. Schuldgefühl — Absicht

Anal: Autonomie vs. Scham und Zweifel — Wille

Oral: Urvertrauen vs. Urmisstrauen — Hoffnung

vollständig gelöst, sondern bleibt ein Leben lang aktuell. Für die Entwicklung ist es aber notwendig, dass er auf einer bestimmten Stufe ausreichend bearbeitet wird, um so die nächste Stufe erfolgreich bewältigen zu können. Insgesamt geht Erikson von acht solcher Entwicklungskrisen im Laufe unseres gesamten Lebens aus.

Fangen wir ganz vorne an: In der ersten Phase, also im Säuglingsalter, steht die Entwicklung des Urvertrauens im Mittelpunkt. Diese Phase gilt als prägend für die generelle Einstellung zur Welt und Realität. Da wir – im Vergleich zu anderen Lebewesen auf dieser Welt – »physiologische Frühgeburten« sind, die noch lange Zeit einen »sozialen Uterus« brauchen, der uns nährt und unterstützt, ist hierfür die Erfüllung der Bedürfnisse des kleinen Kindes nach Nahrung, Nähe, Sicherheit und Geborgenheit wichtig. Werden diese Bedürfnisse nur unzureichend erfüllt, entsteht ein grundlegendes Gefühl, der Umwelt machtlos ausgeliefert zu sein. Unbewusste Verlustängste bestimmen dann das Leben des Individuums. Es entwickeln sich oft orale Charakterzüge wie Gier, Leeregefühle, eine Neigung zu Depressionen und starke Abhängigkeitswünsche.

Diese Phase im ersten Lebensjahr ist deshalb so wichtig, weil sie unsere generelle Einstellung zur Welt und zur Realität prägt. Ob wir eher vertrauensvoll, offen und liebevoll der Welt und den anderen Menschen gegenübertreten oder ob wir uns eher ängstlich, vorsichtig oder enttäuscht und wütend in Welt und Realität bewegen, hängt genau von dieser Dimension »*Urvertrauen versus Urmisstrauen*« ab.

Hinzu kommt, dass wir als »physiologische Frühgeburten« noch sehr unfertig sind und – im Vergleich zu neugeborenen Tieren, die in einem sehr viel höheren Maße fertig und instinktgesteuert sind – deshalb ein viel größeres Maß an Lernfähigkeit besitzen. Das bedeutet natürlich auch, dass Familie und soziales Umfeld eine sehr hohe Verantwortung haben, diesem unfertigen, verletzlichen und auch verformbaren Wesen die richtigen Impulse für die Entstehung einer gesunden Identität zu geben. Gelingt die angemessene Bewältigung dieser Phase, so ist die (eher noch nicht bewusste) *Hoffnung*, dass das Leben gelingen wird, das psychische Ergebnis.

Wird diese erste Phase gut bewältigt, hat das Kind ab dem zweiten bis dritten Lebensjahr eine stabile Basis dafür, aktiv seine Umwelt zu erforschen und seinen Willen zu erproben. Das Kind besitzt ein tief verwurzeltes Vertrauen darin, dass Geborgenheit, Nähe und Versorgung auch gewährleistet sind, wenn es sich zeitweilig von der Mutter entfernt oder seinen autonomen und aggressiven Impulsen nachgibt.

Diese Phase, in der es um die Dimension »*Autonomie vs. Scham und Zweifel*« geht, angemessen zu bewältigen, gelingt nur, wenn Autonomie und Aggressivität nicht angstbesetzt erlebt, sondern erprobt werden dürfen. Nur

so können sie Teil eines positiven und stabilen Selbstwert-
gefühls werden. Die weitgehende oder permanente Ein-
schränkung der explorativen Verhaltensweisen des Kindes
hingegen führt dazu, dass es seine Bedürfnisse und Wünsche als »schmutzig« und nicht akzeptabel wahrnimmt.
Was sich beim Kind schließlich etabliert, sind Scham und
der Zweifel an der Richtigkeit der eigenen Wünsche und
Bedürfnisse. Gelingt die Bewältigung dieser Phase, so ist
das Ergebnis, dass ich einen eigenen *Willen* haben darf und
diesem vertrauen kann.

In der nächsten Phase geht es dann im Vorschulalter um
die Dimensionen »*Initiative vs. Schuldgefühle*«, mit dem
gelungenen Ergebnis, dass ich meinen Willen nicht nur
trotzig als Kampfmittel gegen meine Eltern einsetzen
kann, sondern damit eine (mehr oder weniger sinnvolle,
aber zielgerichtete) *Absicht* verbinde.

In der Schulzeit geht es dann schwerpunktmäßig um die
Themen »*Leistung vs. Minderwertigkeitsgefühl*« mit dem
Ziel, angemessene *Kompetenzen* zu entwickeln, die ich
später für die Bewältigung meines (zum Beispiel beruflichen) Lebens benötige.

In der Pubertät steht dann die Frage nach »*Identität vs.
Rollenkonfusion*« an, wobei das Ziel *Treue* ist – sowohl
sich selbst gegenüber, als auch dem Partner/der Partnerin
gegenüber.

Im frühen Erwachsenenalter geht es vor allem um das
Thema »*Intimität vs. Isolierung*«. Dazu zählt vor allem
auch die Entwicklung der Beziehungs- und *Liebesfähig-
keit*.

Die beiden letzten Phasen, also das mittlere und das
hohe Erwachsenenalter, sind schwerpunktmäßig geprägt
durch die Themen »*Zeugende Fähigkeit vs. Stagnation*«
mit dem Ziel des Erlernens von *Fürsorge* und »*Ich-Integrität vs. Verzweiflung*« mit dem ganz großen Ziel der
Weisheit. »Bist du nur an Jahren alt geworden, oder hast

du etwas kapiert und bist wenigstens ein bisschen weise geworden?«, ist dann die Frage.

Diese Lebensphasen kann man sich wie eine Treppe vorstellen, die man im Laufe seines Lebens hinaufsteigt.

Patchwork-Identitäten

Auch wenn diese Phaselehre in Zeiten von allgemeiner Unübersichtlichkeit, zerfallenden Sozialisationsinstanzen (Familien, Umzügen, wiederholten Schul- und Berufswechseln ...) und Patchwork-Identitäten sicher nicht mehr so klar und schematisch in der Abfolge ist wie vielleicht noch vor Jahrzehnten, sind doch die Lebensthemen gleichbleibend. Doch schauen wir uns – quasi als Ergänzung – ein weiteres Modell des Menschen an.

Bedürfnispyramide

Einen nicht lebensphasen- sondern bedürfnisbezogenen Zugang zu dem Thema Identitätsentstehung wählte der amerikanische Psychologe Abraham Maslow. Er unterschied in seinem oft als Pyramide dargestellten Modell fünf Arten von Bedürfnissen, die stufenartig aufeinander aufbauen. Erst wenn das eine Bedürfnis – zumindest einigermaßen ausreichend – befriedigt ist, kann man sich angemessen mit den nächst höheren Bedürfnissen beschäftigen.

Streben nach Selbstverwirklichung

Bedürfnisse nach Anerkennung

Soziale Bedürfnisse

Sicherheitsbedürfnisse

Physiologische Bedürfnisse

Grundlage sind dabei die *physiologischen Bedürfnisse,* also Essen, Trinken, Schlaf und Sexualität.

Sind sie einigermaßen befriedigt, geht es um die *Sicherheitsbedürfnisse,* also das Bedürfnis nach einem stabilen, sicheren Umfeld, in dem man sich geborgen fühlen kann.

Sodann stehen die *sozialen Bedürfnisse* im Vordergrund: Nähe zu anderen, Freundschaft, Liebe, Sozialkontakte sind die Themen auf dieser Ebene der Bedürfnispyramide.

Darüber befinden sich die *Selbstwertbedürfnisse.* Darin findet sich zum Beispiel der Wunsch, zu zeigen, was man kann, die Bedürfnisse nach Achtung, Anerkennung, Ansehen und Respekt – sich selbst und anderen gegenüber.

Auf der Spitze der Pyramide finden sich die Bedürfnisse nach *Selbstverwirklichung.* Hier zeigt sich der Wunsch, das eigene Potenzial, seine Fähigkeiten und Möglichkeiten voll und ganz zu entwickeln, und die Sehnsucht nach einem höheren Ziel, nach Sinn.

Und je nachdem, wie ich mit diesen unterschiedlichen Bedürfnissen umgegangen bin, welche ich wie befriedigen konnte, wo ich Defizite habe – so die Ansicht von Abraham Maslow –, prägt das in einem hohen Maße meine Persönlichkeit.

Das Innere Team

Ausgehend davon ist das Ergebnis unserer Lebensgeschichte, dass wir in uns unterschiedliche Aspekte entwickeln (früher nannte man das Charakterzüge), die wir mehr oder weniger bewusst und ausgeprägt leben: Mal stehen die Bedürfnisse nach Anerkennung im Vordergrund, mal die Bedürfnisse nach (zum Beispiel materieller) Sicherheit, mal die sozialen Bedürfnisse oder das Streben nach Selbstverwirklichung. So entwickeln wir im Laufe unseres Lebens bestimmte Ausprägungen unserer Persönlichkeit. Und diese leben wir in bestimmten Lebensphasen mehr oder weniger intensiv. Manche dieser Aspekte bleiben ein Leben lang, manche ändern sich mit der Zeit. Das zeigt sich – auch und gerade – im beruflichen Bereich.

Man kann diese Anteile einer Person clustern und typologisieren:

Der Visionär:
Er hat eine Vision, ein großes Ziel vor Augen, ist idealistisch, aber eher Theoretiker.

Er will beispielsweise beruflich viel erreichen, die Karriereleiter hochklettern, aber hat er einen ausreichend starken Willen dazu?

Negative Ausprägung: Lebt in Wolkenkuckucksheimen, kriegt nichts auf die Reihe.

Der Macher:
Dieser Anteil in uns drängt uns vorwärts. Er sagt: »Schluss mit der Diskussion!«, »Ärmel hochkrempeln und los!«, »Gib Gas!« Er arbeitet viel, führt Aufgaben (mitunter) unreflektiert aus und hinterfragt nicht, was er da tut.

Problematische Ausprägung: Reflektiert nicht, »Schnellschuss-Charakter«.

Der Bedenkenträger:
Wenn der Macher beim Autofahren das Gas ist, ist der Bedenkenträger die Bremse.

Er trägt oft überhohe, kaum realisierbare Ideale mit sich

herum und hat immer die Argumente parat, warum etwas nicht geht. Er ist der »Advocatus diaboli« bei der Heiligsprechung einer Idee oder eines Projekts. In einem Projekt bringt er selten eigene Ideen und Visionen ein, eher die Kritikpunkte. Wegen Bedenken steht er Veränderungen eher kritisch gegenüber.

Negative Seite: »Kritikaster«, sieht nur das Negative, spuckt in jede Suppe.

Der Teamspieler:
Er ist der Ausgleichende, der für die sozialen Aspekte zuständig ist, der will, dass es allen gut geht, dass gute Stimmung herrscht und Humor in der Bude ist.

Problematischer Aspekt: Sozialnudel, arbeitet sonst nicht viel.

Der Unberechenbare:
Er ist der Kreative, der Pionier, der Experimentierer in der Truppe, ist zuständig für das Neue, wagt Dinge zu denken, und zu tun, die bisher noch nicht auf der Agenda standen. Er ist mehr als eine Mischung aus Macher und Visionär, weil die Unberechenbarkeit im Vordergrund steht. Sein Lieblingssatz ist: »Es gibt keine Straßen, die Wege entstehen beim Gehen.«

Negativer Aspekt: »Spinner«, unberechenbarer Chaot.

Wichtig ist – all die verschiedenen Anteile haben ihren Sinn und ihre psychische Funktion. Sie sind nur in der übertriebenen Ausprägung problematisch.

Es gibt eine Psychotherapieschule, die *Psychosynthese,* deren Ziel es ist, die intrapsychische Kommunikation zwischen diesen unterschiedlichen Anteilen in einer Person zu verbessern, das heißt die unterschiedlichen Anteile zu orchestrieren und damit aus einem wirr durcheinander spielenden oder plappernden Haufen so etwas zu machen wie ein wohlklingendes Orchester: Je besser das gelingt, umso mehr Lebenszufriedenheit und beruflichen Erfolg findet man meistens.

Allerdings trifft man diese Anteile, die als Bestrebungen miteinander im Clinch liegen, nicht nur in einer Person an, sondern auch in realen Teams als mehr oder weniger klar abgegrenzte Rollen der verschiedenen Teammitglieder. Da geht es dann nicht um intrapsychische Kommunikation, sondern um interpersonale. In guten Teams werden die einzelnen Rollen wahrgenommen und darin gewürdigt, dass sie eine wichtige Funktion im Team haben.

Fünf Säulen

Als Zusammenfassung dieser psychologischen Modelle kann man sagen: Die gesunde Identität einer Person ruht auf fünf Säulen. Und gerade dann, wenn es um die seelischen und körperlichen Kosten der beruflichen Entwicklung geht, arbeiten wir im Coaching, in der Supervision, in den Seminaren und zum Teil auch in der Psychotherapie

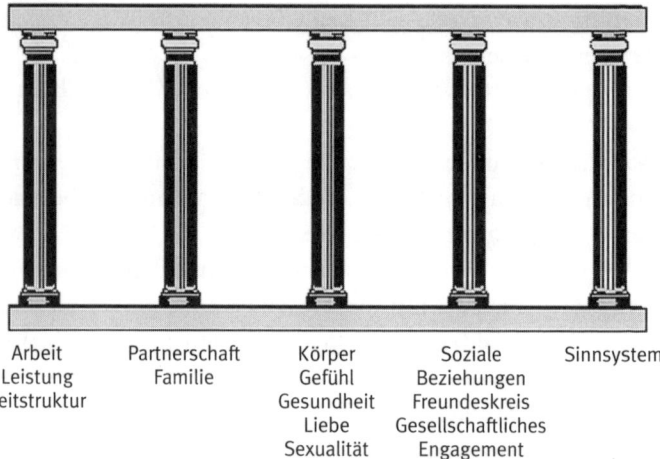

Arbeit	Partnerschaft	Körper	Soziale	Sinnsystem
Leistung	Familie	Gefühl	Beziehungen	
Zeitstruktur		Gesundheit	Freundeskreis	
		Liebe	Gesellschaftliches	
		Sexualität	Engagement	

am Psychologischen Forum Offenbach mit diesen fünf Säulen.

Da eine gesunde berufliche Karriere ein Marathon ist und kein einmaliger Sprint, gilt es diese fünf Säulen – gerade dann, wenn man im Beruf stark gefordert ist – im Blick zu halten. Sie wollen wahrgenommen, beachtet und gepflegt werden, wenn daraus eine gesunde Identität und ein langfristig befriedigendes Arbeits- und Berufsleben werden soll. Diese Säulen sind:

1. Säule: Arbeit, Leistung, Zeitstruktur

Bei dieser Säule geht es darum, den eigenen Berufsalltag genauer anzusehen und eine Ist-Soll-Analyse anzustellen.

- Wie sieht meine berufliche Situation derzeit aus, und wie hätte ich es eigentlich gern?
- Welche Berufsziele habe ich für jetzt und die nächsten Jahre?
- Welche Dinge an meinem derzeitigen Arbeitsplatz machen mich zufrieden, und wie kann ich davon mehr kriegen?
- Gibt es vielleicht Strukturen und Faktoren, die ich gerne verändern möchte (und die veränderbar sind), damit ich zufriedener und damit auch leistungsfähiger bin?
- Gibt es nicht noch mehr im Leben, als die Geschwindigkeit und die Effektivität zu erhöhen?

2. Partnerschaft, (selbst gegründete und Herkunfts-) Familie

Partnerschaft und Familie sind »Wiederaufbereitungsanlagen« für unsere Kräfte. Aber sie sind noch weit mehr als das. Bei dieser Säule geht es um Fragen wie:

- Bin ich mit der momentanen Situation in meiner Beziehung zufrieden oder möchte ich etwas verändern?
- Wie viel Zeit wende ich überhaupt für meine Partnerschaft, Familie auf?
- Ist das genug?
- Wie sieht es mit meiner Familienplanung aus? Kinderwunsch?
- Und was wünscht sich eigentlich mein/e Partner/in?
- Oder bleibe ich vielleicht doch lieber allein?

3. Körper, Gefühle, Gesundheit, Liebe, Sexualität

Hier geht es um die Beziehung zum eigenen Körper.

- Benutze ich meinen Körper nur als »Leistungsmaschine«, die zu funktionieren hat und sonst nichts?
- Was sind meine körperlichen Stärken und Schwächen?
- Was tue ich für und gegen meinen Körper?
- Wie geht mein Körper mit Stress um? Was signalisiert er mir mit Krankheiten?
- Wie kann ich mich am besten entspannen?

Auch die Gefühlswelt spielt eine Rolle:

- Nehme ich meine Gefühle wahr und auch ernst?
- Kann ich sie (noch) ausdrücken, oder verleugne, blockiere ich sie so, dass die Gefahr besteht, dass sie mir irgendwann einen Strich durch die Rechnung machen?

4. Soziale Beziehungen, Freundeskreis, gesellschaftliches Engagement

- Wie viele Leute kenne ich überhaupt und wie viele davon würde ich als *Bekannte* und wie viele als *Freunde* bezeichnen, auf die ich mich wirklich verlassen kann?

- Gibt es ausreichend Kontakte, die nichts mit der Arbeit zu tun haben?
- Was gewinne ich aus meinen sozialen Beziehungen und was wünsche ich mir für die Zukunft?
- Für was engagiere ich mich gesellschaftlich oder wo möchte mich gerne engagieren?

5. Sinnsystem (Philosophie, Religion ...)

Die letzte Säule beschäftigt sich mit den Werten und Idealen, mit dem, woran man wirklich glaubt, was wirklich wichtig für einen selbst ist. Das kann genauso ein selbst gebasteltes oder auch übernommenes Wertesystem sein, eine Religion, ein philosophisches System.

- Welchen (längerfristigen) Sinn sehe ich in meinem Leben?
- Welchen Sinn gebe ich ihm?
- Woher komme ich?
- Wohin gehe ich?
- Was soll ich hier?
- Was will ich hier?

Klar ist, dass in unterschiedlichen Lebensphasen die einzelnen Säulen in unterschiedlicher Weise im Vordergrund stehen oder auch Belastungen unterworfen sind. Während in der Jugend Partnerschaft, Liebe, Sexualität und Freundeskreis im Zentrum der Aufmerksamkeit sind, ist es im frühen Erwachsenenalter das Thema Beruf und Karriere und danach vielleicht die Familiengründung und später oder in Krisen sind es Sinnfragen.

Ideal ist es natürlich, wenn alle fünf Säulen immer stabil sind: Es ist im Grunde wie bei einem Bürostuhl. Früher hatten die Schreibtischroller drei oder vier Beine und konnten noch leicht umkippen. Heute haben die Bürostühle fünf Beine und es bedarf schon einer ziemlichen Anstrengung, sie zu Fall zu bringen.

Entscheidend ist: Wenn ich trotz meiner beruflichen Anspannung diese fünf Säulen im Blick habe und etwas zur Stabilisierung unternehme, sind das nicht nur »Psycho-Spielchen«, sondern ich tue etwas für die langfristige Entwicklung meiner Karriere und ich binde sie ein in meine Lebensplanung. Ich teile meine Kräfte ein und entwickle mich vom Kurzfrist-Sprinter zum Marathonläufer. Um einen Berufsweg erfolgreich zu gehen und dabei in einer guten Work-Life-Balance zu bleiben, ist es gut, sich in den langen Distanzen zu üben. Es gilt auch Durststrecken und schwierige Situationen, wie sie heute immer häufiger werden, durchzustehen. Spätestens dann wird es problematisch, wenn weniger als drei Säulen auf lange Sicht eine ausreichende Stabilität haben. Ein über längere Strecken gesundes, befriedigendes Leben ist dann mit Sicherheit schwierig. Andererseits können Sie zufrieden und kräftig weit ausschreiten, wenn wenigstens drei Säulen eine gute Stabilität aufweisen und sie sich stets aufmerksam mit allen fünf befassen.

Zum Weiterdenken

- »Nichts auf der Welt ist so gerecht verteilt, wie der Verstand. Denn jeder ist davon überzeugt, dass er genug davon habe.« (Rene Descartes)
- Wenn du etwas machst, was du seit vielen Jahren in der gleichen Weise gemacht hast, ist die Chance ziemlich groß, dass du etwas falsch machst.
- In Gefahr und höchster Not bringt der Mittelweg den Tod.

Vom äußeren Erfolg zur inneren Befriedigung – wie man sich den Job zurechtbiegt

Bei vielen Menschen und vor allem bei denen, die Karriere machen wollen, nimmt der Beruf einen großen Teil des Lebens ein und ist oft die Hauptquelle von Spaß und Sinn, aber auch von Stress und Erfolgsdruck. Denn der berufliche Alltag beinhaltet vieles: Lust und Erfolg, Frust und Niederlage, Anregendes und Trott.

Deshalb sollte es selbstverständlich sein, hier nach Möglichkeiten zu schauen, um sich den Beruf so zu gestalten, dass er gut zu einem passt, man Spaß daran hat, effektiv ist und man ihn auch langfristig durchsteht. Schließlich geht es nicht nur um den äußeren Erfolg, sondern auch um die innere Befriedigung. Doch häufig sehen Menschen erst dann, wenn der Job sie enttäuscht oder unzufrieden oder regelrecht krank macht, nach Möglichkeiten etwas zu verändern. Ob vorausschauend oder korrigierend – nutzen Sie alle Ihre Chancen:

Verhalten und Verhältnisse

Dabei ist es nötig zu unterscheiden zwischen dem, was man selbst durch das eigene Verhalten verändern kann, und dem, wo etwas an den Verhältnissen (zum Beispiel im Unternehmen) zu verändern ist.

Außerdem ist noch einmal zu unterscheiden zwischen kurzfristiger, mittelfristiger und langfristiger Veränderung. Wo(durch) erreiche ich einen kurzfristigen Erfolg, wobei brauche ich Vorbereitung, Unterstützungssysteme und Koalitionspartner, und was ist ein wirklich »dickes Brett«, bei dem man über Jahre hin einen sehr langen Atem braucht.

Genau an der Nahtstelle zwischen eigenem Verhalten und der Veränderung der Verhältnisse im Unternehmen

gibt es inzwischen diverse Konzepte, die sich damit beschäftigen, wie man sich die Arbeit besser gestalten kann.
Und das betrifft die Unternehmen/Arbeitgeber und Arbeitnehmer gleichermaßen. Auch hier verwendet man
englische Begriffe. Sehen wir sie uns genauer an:

- Job Enrichment: erweiterter Handlungs- und Entscheidungsspielraum,
- Job Enlargement: zusätzliche Aufgaben, höhere Varia-
  bilität,
- Job Crafting: sich den Job passend machen,
- Job Rotation: Arbeitsplatzwechsel zur Reduzierung
  einseitiger Belastungen.

Job Enrichment

Job Enrichment (deutsch etwa: Anreicherung des Berufes)
bedeutet über eine eventuell quantitative Erweiterung hinaus eine qualitative Veränderung (und damit Aufwer-
tung) des Aufgabengebiets. Der Angestellte wird durch
eine Anreicherung des Aufgabeninhalts, eine Erweiterung
seiner Entscheidungskompetenzen und die Erhöhung seiner Verantwortung gefordert, anspruchsvollere Leistungen zu erbringen. Dadurch erhält er die Chance zur persönlichen Entwicklung.

Job Enrichment kann zum Beispiel darin bestehen,
mehrere strukturell verschiedenartige und unterschiedlich
schwierige Aufgaben (zum Beispiel Planung, Vorbereitung,
Durchführung und Selbstkontrolle) zu einer neuen, komplexen und ganzheitlichen Aufgabe zusammenzufügen.

Eine andere Form des Job Enrichment besteht in der
Übernahme von Sonderaufgaben. Zu den gleichbleiben-
den oder qualitativ aufgewerteten Aufgaben der Stelle
werden dem Angestellten zusätzliche, in der Regel höherwertige Aufgaben übertragen (zum Beispiel Durchfüh-

rung einer Analyse oder Untersuchung, Erstellen eines Berichts, Urlaubsvertretung).

Es ist daher wichtig, in beiden Formen des Job Enrichments dem Betreffenden einen möglichst großen Handlungs- und Entscheidungsspielraum im Rahmen eines sinnvoll abgegrenzten Kompetenzbereichs einzuräumen. Ziel muss es sein, die Leistungsbereitschaft der Person zu erhöhen und ihm Erfolgserlebnisse zu verschaffen, und nicht, ihm einfach mehr Arbeit aufzubürden.

Den Vorgesetzten bietet Job Enrichment die Gelegenheit, Aufgaben zu delegieren, sich selbst Freiräume für andere notwendige und/oder höherwertige Tätigkeiten zu schaffen und zugleich die Mitarbeiter durch Fordern zu fördern.

Job Enlargement

Job Enlargement (deutsch etwa: Erweiterung des Berufsfeldes) ist eine Erweiterung der Aufgaben mit dem Ziel, gleichartige Tätigkeiten, die bisher von mehreren Personen ausgeführt wurden, an einer Stelle zusammenzufassen. Job Enlargement bedeutet in erster Linie eine quantitative Ausdehnung des Tätigkeitsfeldes. Hinzu kann auch noch eine qualitative Erweiterung kommen. Beispiele für Job Enlargement sind:

- Die dauerhafte Übernahme von gleichen oder ähnlichen Aufgaben von anderen Stellen/Bereichen (zum Beispiel Zusammenfassen der Kundenkorrespondenz, Übernahme der Praktikantenbetreuung in die Berufsausbildung etc.).
- Die dauerhafte Einbeziehung von Projekt- oder Sonderaufgaben in die Arbeitsorganisation. Hier sind die Übergänge zum Job Enrichment fließend (zum Beispiel Durchführung von Kundenbefragungen durch Außendienst- oder Innendienst-Mitarbeiter), schrittweise Um-

strukturierung der Aufgaben mit verbundener Verdichtung der Aufgaben (zum Beispiel Umstellung auf virtuelle Arbeitsplätze).

Die Vorteile des Job Enlargement für das Unternehmen
liegen in erster Linie in der stärkeren Auslastung/Ausnut-
zung der Arbeitskräfte. Für Job Enlargement als Entwick-
lungsmaßnahme lässt sich anführen, dass eine Verdichtung
der Aufgaben eine stärkere Herausforderung und Belastung für die betroffenen Angestellten bedeutet. Wer diese
ohne große Probleme bewältigt, ist wahrscheinlich auch
bei höheren Anforderungen belastbar.

Wichtig ist beim Job Enlargement, dass die Aufgaben möglichst ganzheitlich übertragen werden: Planung,
Durchführung und Kontrolle sollten in einer Hand bleiben. Auch sollte das Aufgabengebiet so erweitert werden,
dass man vorhandene Fähigkeiten, Kenntnisse und Erfahrungen durch neue Anreize ausbauen und erweitern kann.
So kann die Motivation des Betreffenden gefördert und
seine Qualifikation gesteigert werden.

Job Crafting

Damit ist im Wesentlichen gemeint, dass der einzelne Angestellte die Möglichkeit haben sollte seine Arbeitstätigkeit
an seine individuellen Bedürfnisse und Kompetenzen anzupassen. Als Beispiel könnte man den Computertechniker
anführen, der sich im Rahmen seiner Arbeit nicht mehr nur
auf die Wartung der EDV beschränkt. Er beginnt stattdessen Tätigkeiten in seinen Arbeitsalltag zu integrieren, die
sonst nur Softwarespezialisten durchführen. Durch diese
Tätigkeit wertet der Arbeitnehmer seine Tätigkeit und seine
Rolle sowohl gegenüber Vorgesetzten als auch gegenüber
dem Kunden auf. Allerdings müssen Job Crafter mit negativen Reaktionen ihres Arbeitsgebers rechnen, da die Ver-

änderung der Tätigkeit erst in zweiter Linie der Organisation dient. Möglicherweise wird das Verhalten des Arbeitnehmers weniger rentabel für den Arbeitgeber oder führt zu finanziellen Einbußen für den Arbeitnehmer: Als Beispiel sei hier die Putzkraft in einem Krankenhaus genannt, die sich über ihre Putztätigkeit hinaus viel Zeit für die Patienten nimmt. Wenn sie für eine ausgelagerte Putzkolonne arbeitet und dieses Putzunternehmen nach geputzten Quadratmetern bezahlt wird, führt ihr Verhalten, so wertvoll es möglicherweise für die Putzkraft und die Patienten ist, zu finanziellen Einbußen des Putzunternehmens.

Job Rotation

Unter Job Rotation versteht man den planmäßigen Wechsel von Arbeitsplatz und Arbeitsaufgabe, um funktionsübergreifendes Denken und Handeln sowie die Wissensentwicklung zu fördern.

Job Rotation bringt Vorteile für Arbeitgeber und Arbeitnehmer mit sich. Unterschiedliche Arbeitsgebiete zu bearbeiten und sich ständig in neue Sachverhalte einzuarbeiten trainiert in der aufmerksamen Erledigung der Arbeiten – und es macht die Arbeit für den Arbeitnehmer interessanter. Eine Routine, wie sie insbesondere an ansonsten eher eintönigen Arbeitsplätzen eintritt, kann vermieden werden. Hiermit einher geht eine Reduktion von Fehlern und Fehlzeiten.

Ein Beispiel: Früher wurden Glühlampen visuell kontrolliert. Nach gut 20 Minuten hatte die Arbeit nur noch Alibifunktion, da nach dieser Zeit genauso viele Glühbirnen die eigentlich in Ordnung waren, ausgesondert wurden, wie fehlerhafte durchgelassen wurden. Konsequenz: Sinnvollerweise sollte ein Arbeiter nicht länger als 20 Minuten diese Arbeit ausführen, dann sollte ein Wechsel des Arbeitsplatzes stattfinden.

Für den Arbeitgeber bedeutet Job Rotation, dass die Mitarbeiter für mehrere Arbeitsplätze qualifiziert sind und so Ausfälle schnell und unkompliziert kompensiert werden können. Das Überwinden von Bereichsegoismen und die Erhöhung der Produktivität stellen weitere Vorteile für den Arbeitgeber dar.

Job Rotation kann allerdings auch Nachteile mit sich bringen. So können sich Mitarbeiter überfordert fühlen. Aus Angst vor Veränderung kann sich eine mangelnde Bereitschaft zur Job Rotation bemerkbar machen. Der Zeitaufwand für Routinearbeiten ist unter Umständen größer, als wenn jemand täglich die gleiche Arbeit macht. Mitarbeiter müssen unter Umständen einen größeren Arbeitsaufwand betreiben, Unruhe unter Mitarbeitern und Integrationsprobleme neuer Mitarbeiter können negative Folgen sein.

Kleine Tipps

- Bewahren Sie die Außenperspektive: Schaffen Sie innere Distanz zu Ihrer Arbeit. Aus der Distanz sieht man vieles besser.
- Begrenzen Sie Ihre Arbeitszeit – seien Sie effektiv und realistisch.
- Achten Sie auf Ihre Grundbedürfnisse: Gesundheit, Nahrung, Schlaf, Wärme, Sexualität, Sozialkontakte.
- Belohnen Sie sich regelmäßig für gut geleistete Arbeit.
- Kosten Sie Ihre Erfolge und Freuden aus .
- Sind Sie an der richtigen Stelle – gäbe es (realistisch betrachtet) eine erreichbare bessere Position für Sie? Möchten Sie darüber innerhalb Ihres Unternehmens mit Ihrem Vorgesetzten sprechen? Möchten Sie sich außerhalb umsehen? Auch Downshifting (Reduzierung, Ausstieg) ist manchmal eine Alternative (mehr dazu siehe Seite 199).

Coaching: Psychohilfe für die Karriere

Coaching boomt – längst nicht mehr nur in den Chefetagen. Schon seit ein paar Jahren lassen sich auch Mittelständler, Architekten, Rechtsanwälte, das mittlere Management und Karriereambitionierte coachen. Noch vor 20 Jahren wurde Coaching eher als Zeichen von persönlicher Schwäche ausgelegt – »Ich brauche doch keinen Psycho« –, und es galt das Vorurteil, dass nur Schwächlinge und Weicheier es nötig hätten, sich von einer unabhängigen Instanz beraten und unterstützen zu lassen. Heute dagegen gehört es fast schon zu den Privilegien der wirklichen oder vermeintlichen »High Pots«. Schließlich signalisiert man damit sein ausbaufähiges Potenzial.

Hinzu kommt: Der zunehmende Leistungsdruck, dem Manager und ehrgeizige, engagierte Aufsteiger heute ausgesetzt sind, hat dazu geführt, dass es ganz normal geworden ist, sich beraten zu lassen. Allmählich kommt jetzt in den Unternehmen außerdem eine neue, jüngere Führungsgeneration an die Macht, die offener ist gegenüber psychologischer Beratung und mehr Bereitschaft zeigt, psychologisches Wissen in der Wirtschaft zu berücksichtigen. Aber ist Coaching wirklich die »Wunderwaffe« gegen unbewältigte Probleme aller Art?

Christopher Rauen ist einer der profiliertesten Coaches in Deutschland. Er ist Vorsitzender des Deutschen Bundesverbandes Coaching (DBVC) und Autor verschiedener Standardwerke zum Thema:

> »Wir verstehen unter Coaching eine besondere Form der Beratung für Personen mit Managementaufgaben, die ihre berufliche Situation verbessern möchten. Ein Coaching dient daher der Verbesserung von Leistung und dem langfristigen Leistungserhalt. In einer Kombination aus individueller, unterstützender Zielklärung

und persönlicher Beratung und Begleitung fungieren unsere Coaches als neutrale Feedbackgeber. Unseren Klienten nehmen wir jedoch weder Arbeit noch Verantwortung ab; wir beraten auf der Prozessebene. Unser Ziel ist kein eindimensionales ›Höher – Schneller – Weiter‹, sondern die Entwicklung einer Arbeits- und Lebensperspektive, die der Vielseitigkeit des Arbeitslebens Rechnung trägt, ohne das Wichtigste dabei zu vergessen: den Menschen.«

Und genau darum geht es im Coaching: Um die Verknüpfung der *äußeren* Berufsebene, also der Fähigkeit, seine berufliche Position effektiv und effizient auszufüllen und auszubauen, und andererseits der *inneren* Perspektive – wie gut passe ich in den Job, an diese Stelle, und wie viel von meinen Fähigkeiten und Fertigkeiten kann ich dort einbringen? Aber das ist nur eine Dimension des Coachings. Andere Dimensionen sind die Bearbeitung von »Freud und Leid im Beruf«, also was ist bisher gut gelaufen und was nicht, sowie die Zukunftsorientierung: Wo soll es hingehen – für mich persönlich, für mein Projekt und für meine Firma. Gar nicht selten ist der erste Schritt die Klärung der Frage, was eigentlich das Problem ist. Und damit hat Coaching viel Ähnlichkeit mit dem, was in sozialen und medizinischen Arbeitsfeldern Supervision genannt wird.

Ein GmbH-Geschäftsführer sagt:

»Es war ein eher unbestimmtes Gefühl, dass irgendetwas nicht stimmt, ob mit der Firma oder mit mir, das konnte ich anfangs noch nicht so richtig einschätzen. Ich habe mich daraufhin beraten lassen, was man eventuell machen könnte, um die Firma besser zu strukturieren, um Fehlerquellen herauszufinden, auch um Reibungsverluste zu vermeiden, und bin aufs Coaching

gestoßen. Das war für mich eigentlich der Einstieg, die Firma besser zu organisieren und zu strukturieren.«

Diplom-Psychologe Rudi Fischer coacht und supervidiert schon seit mehreren Jahren Mitarbeiter, Geschäftsführer und Manager in größeren Unternehmen. Dabei geht es meist um Probleme am Arbeitsplatz, oft auch um Schwierigkeiten bei der Personalführung, aber auch um private Konflikte:

»Coaching ist für mich die individuelle Beratung einer Person, die ein spezielles Problem in einem System, einer Organisation oder am Arbeitsplatz hat. Jede Beratung läuft natürlich völlig individuell ab. Da gibt es eine bestimmte Vorgehensweise, zu der gehört beispielsweise, dass ganz zu Beginn erst einmal der Auftrag geklärt wird. Da muss ausgehandelt werden, ob ich überhaupt der Richtige bin für denjenigen, ob ich ihn überhaupt auf dem Weg dahin unterstützen kann, wo er hin will. Welche Rolle ich als Coach habe, definiert letztlich ganz der Klient.«

Christopher Rauen definiert Coaching so:

»Coaching ist die in Form einer Beratungsbeziehung realisierte individuelle Einzelberatung, Begleitung und Unterstützung von Personen mit Führungs- beziehungsweise Managementfunktionen. Formales Ziel ist es, bei der Bewältigung der Aufgaben der beruflichen Rolle zu helfen. Die vielbeschworene Hilfe zur Selbsthilfe ist dabei das Mittel der Wahl, das durch Beratung auf der Prozessebene und der Schaffung von lernfördernden Bedingungen ermöglicht werden soll.«

Welche Rolle hat der Coach?

Hans-Georg Huber, Diplom-Psychologe und Coach:

> *»Ich glaube, die wichtigste Funktion eines Coaches ist, dass er eine professionelle Bezugsperson ist, weil viele Menschen, speziell Führungskräfte und Unternehmer, auf einer bestimmten Ebene sehr einsam sind, sie haben niemanden – keine neutrale Person –, mit dem oder der sie sich auseinandersetzen können. Es ist natürlich gut, jemanden zu haben, der außerhalb des Systems steht, der wirklich ein Feedback oder eine offene Rückmeldung geben kann, ohne dass es irgendwelche Konsequenzen für das System hat.«*

Für manche ist der Coach oder Supervisor ein Guru, ein Lebenshelfer oder einfach der verschwiegene Vertraute. Ausschlaggebend ist die Beratungsbeziehung zwischen Coach und Klient, die durch Vertrauen, Offenheit und gegenseitige Akzeptanz geprägt ist. Der Ratsuchende bekommt fundierte Rückmeldung von einem neutralen Diskussionspartner über sein eigenes Verhalten.

Abhängig von dem angestrebten Ziel kann dann durch verschiedene Methoden ein Veränderungsprozess in Gang gesetzt werden. Hans-Georg Huber sagt:

> *»Methoden sind für mich ein Handwerkskoffer, der recht groß ist. Da gehört vieles hinein, angefangen vom psychoanalytischen Hintergrund über Techniken wie NLP, Managementtechniken usw. Wichtiger als die Methoden ist im Grunde genommen die Haltung, die dahintersteht und die natürlich auch passend sein muss zu den Zielen des Klienten.«*

Coaching-Themen

Die Themenbereiche von Coaching und Supervision umfassen eine breite Palette – von individuellen Lebenszielen über Probleme am Arbeitsplatz und allgemeine Unternehmens- und Wirtschaftsfragen bis hin zur konkreten Umsetzung von Projekten:

- Stressabbau: Wie komme ich mit der beruflichen Belastung zurecht?
- Zeitmanagement: Wie organisiere ich meine Zeit optimal?
- Bewältigungsstrategien: Wie bewältige ich persönliche und berufliche Krisen?
- Unterstützung in akuten Konflikten.
- Auflösen unangemessener Verhaltens-, Wahrnehmungs- und Beurteilungsmuster.
- Wie gehe ich mit problematischen Mitarbeitern und Vorgesetzten um?
- Was passiert mit mir bei Umstrukturierungen in meiner Firma oder wenn ökonomische Krisen überhandnehmen?
- Persönlichkeitsentwicklung.
- Umgang mit Sinnkrisen.

Was soll Ihr Coach können?

Wegen der Bandbreite der Themen gehört zu den wichtigsten Fähigkeiten eines Coaches, gut zuhören und verstehen zu können. Egal, wie die Ausgangslage ist, der Coach muss immer beachten, dass er nicht die Probleme des Klienten lösen kann, sondern ihm nur hilft, selbst eine Lösung zu finden.

Dabei unterscheidet man zwischen der Beratungskompetenz eines Coaches und der Feldkompetenz.

Mit *Beratungskompetenz* ist gemeint, dass der Coach in der Lage ist, einen Klienten ganz allgemein zu beraten, und dass er dazu ein ausreichendes Repertoire an Methoden und Techniken zur Verfügung hat.

Unter *Feldkompetenz* versteht man, dass der Coach sich im Arbeitsfeld des Klienten auskennt, also zum Beispiel in der Autoindustrie, dem Bankenbereich oder der Juristerei.

Klar – die Beratungskompetenz sollte möglichst hoch sein. Sehr hohe Feldkompetenz dagegen ist gar nicht so gut, denn wenn sich der Coach zu sehr in dem Arbeitsfeld des Klienten auskennt, läuft auch er Gefahr, vielleicht die systemimmanenten Scheuklappen des Arbeitsfeldes aufzuhaben; damit kommt er dann nicht mehr auf die erfrischenden Fragestellungen eines unbedarften Laien oder auf die neuen, provozierenden Ideen eines »Hofnarren«.

Um die bei Führungskräften grassierende Isolation auszugleichen, ist es häufig auch Sache eines Coaches bei der Regulation des Gefühlshaushalts zu helfen, was sonst oft Ehepartner oder auch Freunde bewerkstelligen. Diese sind aber inzwischen vielleicht schon so genervt von dem »Berufskram«, dass sie bei dem Thema automatisch die Ohren auf Durchzug stellen – ganz abgesehen davon, dass sie ja meistens auch keinerlei Ahnung von dem haben, was wirklich im Arbeitsfeld passiert, und damit auch wenig hilfreich sind. Ehepartner und nahe Freunde »beraten« zudem (meist unbewusst und durchaus nicht vorsätzlich) mit Blick auf die eigenen Interessen – und damit fast immer an den Fragestellungen des Suchenden vorbei.

Als Dialogpartner für Persönliches wird der Coach möglicherweise zu einer Art Freund-Ersatz, als solcher für Fachthemen vielleicht zum Kollegen-Ersatz.

Christopher Rauen: »Die wichtigste Funktion ist die des neutralen Feedbackgebers.«

Coaching-Anlässe

Stress, Burnout, Mobbing, Wirtschaftsflaute und -krise: Eine Umfrage[25] hat herausgefunden, dass fast jeder Dritte wegen Beziehungs- und Konfliktfragen beim Coach anklopft. Das können Konflikte mit Mitarbeitern oder Vorgesetzten ebenso sein wie Mobbing-Prozesse in der Abteilung.

Andere kommen, weil sie beruflich neue Aufgaben übertragen bekommen oder generell Probleme mit Führungsaufgaben haben (17 Prozent). Oder sie suchen Unterstützung, um sich persönlich weiterzuentwickeln (15 Prozent). Die vielbeschworene Work-Life-Balance, Team-Konflikte und Karrieregestaltung sind weitere Themen, die für jeden zehnten Ratsuchenden im Vordergrund stehen. Und wegen alltäglicher Arbeitssituationen kommen zirka 8 Prozent der Befragten. Es soll sogar Fälle geben, bei denen ein Manager seinen Coach um Tipps bittet, wie man mit einem Mitarbeiter, der gerade aus dem Urlaub gekommen ist, ein lockeres Gespräch führen kann.

Aber Coaching muss nicht immer erst dann stattfinden, wenn das Kind in den Brunnen gefallen ist; es eignet sich auch sehr gut als Präventionsmaßnahme, um sich auf neue Herausforderungen vorzubereiten.

Der Coaching-Prozess

So mancher Klient ist erstaunt, wie schnell sich Veränderungen im und durch das Coaching vollziehen können. Ein Manager sagt:

> *»Der Zeitraum war mit einem halben Jahr von vornherein festgesetzt. Ich war selbst erstaunt, wie innerhalb dieser Zeit eine solch rasante Entwicklung stattfinden konnte. Beim Coaching ist die Zusammenarbeit*

> *kurz, klar und begrenzt. Man nimmt dann auch wieder*
> *Abschied und kehrt in seine eigene Welt zurück.«*

Voraussetzungen für gelingendes Coaching ist, dass die Beratung auf Freiwilligkeit beruht, Coach und Klient müssen sich gegenseitig akzeptieren und vor allem: Die Gesprächsinhalte müssen vertraulich bleiben. Ohne diese Sicherheit können keine heiklen Themen angesprochen werden.

Den Coaching-Prozess kann man mit einer Bergtour vergleichen. Dabei will der Klient einen imaginären Gipfel erreichen. Der Coach ist dafür zuständig, die nötige Ausrüstung zu besorgen und seine Erfahrung zur Verfügung zu stellen. Unterwegs kann es schon auch ganz schön beschwerlich werden, aber keinesfalls wird ein guter Coach seinen Klienten huckepack zum Gipfel tragen. Im Gegenteil: Er hilft ihm »auf die Sprünge«, damit er es selbst schafft.

Der Ablauf ist meist folgender:

Der erste Kontakt mit einem Coach wird aufgenommen, ein Gesprächstermin zum unverbindlichen und kostenfreien Kennenlernen wird vereinbart und geschaut, ob die »Chemie« stimmt, das heißt, ob eine wechselseitige Akzeptanz vorhanden ist. Ist das der Fall, kann eine erste Bestandsaufnahme beispielsweise durch ein Diagnostikgespräch oder einen Fragebogen erfolgen. Dabei werden Anlass und Ziele des Coachings geklärt.

Vom zeitlichen Ablauf her sind zwei bis vier Doppelstunden pro Monat üblich, meist über einen Zeitraum von mehreren Monaten. Die Sitzungen können an verschiedenen Orten stattfinden, beim Coach, am Arbeitsort des Klienten, oder sie können auch zwischendurch als Telefon-Coaching durchgeführt werden.

Wenn alles geklärt ist, kann ein Coaching-Rahmenvertrag abgeschlossen werden, in dem für beide Seiten klar und verbindlich die Häufigkeit der Treffen und die Kosten festgehalten werden.

Ein Sozialmanager berichtet über die ersten Coaching-Sitzungen:

> *»Der Ablauf war eigentlich sehr unspektakulär. Es war in einem Zwiegespräch, das eigentlich nur sehr wenig unterbrochen war durch Schreiben meinerseits und durch Notieren von irgendwelchen Ergebnissen oder Fakten meinerseits. Ansonsten ging das eigentlich in einer sehr ruhigen und gelassenen Atmosphäre im Zweiergespräch vor sich, ohne größere Aktivitäten. Ich erinnere mich nur einmal an einen Rundgang durch die Rebberge am Kaiserstuhl. Wo es auch sehr heftig zuging, was eine sehr bewegte Situation war, sodass das Äußere auch dazu gepasst hat.*
>
> *Es ging für mich um die grundsätzliche Formulierung, was möchte ich die nächsten 10, 15 Jahre tun und wo soll die grobe Linie verlaufen. Da waren einige Dinge in mir selber im Widerstreit, ich war schlicht und einfach in einer Entscheidungssituation, und da hat, glaube ich, das Laufen und Gehen das richtige Medium dazu gebildet.«*

Coaching-Effekte

Im besten Fall verhilft Coaching zu mehr innerer Balance und zur Leistungssteigerung. Denn eigentlich trägt jeder Mensch das notwendige Potenzial zur Lösung seiner Probleme und Aufgaben in sich. Coaching soll helfen, genau dieses eigene Potenzial zu erschließen. Und das funktioniert, weil jeder Klient selbst sein bester Experte für Ziele und Inhalte ist, die er erreichen will. Der Coach übernimmt lediglich den Part des »Bergführers auf dem Weg zum Gipfel«, also des Experten der den Prozess wohlwollend, aber auch kritisch begleitet. In der Karriereberatung sucht der gute Coach als Bergführer mit dem Klienten den passenden Weg zum Gipfel, macht ihn auf die Gefahren aufmerksam, hilft ihm Rettungsnetze zu knüpfen, wenn es wirklich dramatisch werden sollte, aber unterstützt ihn auch dabei, die (Schönheit der) Landschaft zu erkunden.

Nicht immer verläuft ein Coaching so, wie es die Klienten erwarten. Da ist beispielsweise der Geschäftsführer mit den Herzrhythmusstörungen, der einfach nur wollte, dass seine Beschwerden verschwinden. Entgegen den Erwartungen des Klienten wurde ihm geraten:

> *»Bewahren Sie sich die Herzrhythmusstörungen. Sehen Sie diese als äußerst nützlich an.«*

Der Coach konnte damit beim Klienten eine Umdeutung in Gang setzen, sodass er die Beschwerden nicht mehr durch Medikamente zu unterdrücken versuchte, sondern sie als das wahrnahm, was sie auch waren: Warnsignale seines Körpers in Überlastungssituationen.

Solche Umdeutungen können durch Rollenspiele, Rekonstruktionen und besondere Fragetechniken in Gang gebracht werden. Auch Provozieren und Konfrontieren kann den Ratsuchenden zu neuer Sichtweise verhelfen. Manipulative Techniken sind dagegen in Coaching und Supervision nicht erlaubt.

Coaching versteht sich als kleiner Schubs von Außen in die richtige Richtung, um von der Ebene der Routine oder des »trial and error« herunterzukommen und die Scheuklappen des Berufsalltags abzulegen. Es will eine Art beschleunigtes Lernen initiieren.

Coaching kann für Ratsuchende harte Arbeit sein, beispielsweise wenn die eigenen Macken auf die Tagesord-

nung gesetzt werden. Wer nicht Bereitschaft und Mut mit-
bringt, sich mit dem eigenen Verhalten am Arbeitsplatz
auseinanderzusetzen, manches auch bei sich einmal grundsätzlich infrage zu stellen, dem wird Coaching nicht sehr
viel helfen.

Zum Coach oder besser auf die Couch?

Während Psychotherapie per definitionem Krankenbe-
handlung ist, die sich auf die individuelle Situation des
Klienten bezieht, vergangenheitsorientiert und problem-
zentriert ist, umfasst Coaching einen anderen Aspekt: Es
ist ziel- und lösungsorientiert und hat seinen Fokus eindeutig auf Beruf und Arbeitsfähigkeit.

Dabei kann Coaching keine Therapie ersetzen und funktioniert nicht, wenn sich aus den Problemen im Berufs-
und Privatleben bereits körperliche, seelische, psychosomatische oder Suchterkrankungen entwickelt haben.

Ein guter Coach kennt seine Grenzen und weiß, dass
beispielsweise handfeste Depressionen, massive Ängste,
psychosomatische Störungen oder Suchtprobleme nicht
sein Feld sind. Professionell ist der Coach, der dann weiter
verweist an Psychotherapeuten oder Ärzte. Deshalb ist es
mitunter hilfreich, wenn der Coach auch Psychotherapeut
oder wenigstens Psychologe ist. Er kann dann besser differenzieren: Wo ist Coaching indiziert, wo Psychotherapie und wo ärztliche Behandlung?

Kann man sich selbst coachen?

Jeder, der schon einmal einen guten Vorsatz gefasst hat,
zum Beispiel nicht mehr zu rauchen, kennt das: Zunächst
klappt es vielleicht eine Weile, aber der Alltag zeigt – es
hapert an der Selbstdisziplin, denn der innere Schweine-
hund ist schwerer zu besiegen als gedacht. Aber wenn uns

jemand hartnäckig nach unseren Selbstverständlichkeiten, unseren inneren Haltungen und Werten fragt, schaffen wir es, unsere Verhaltensmuster zu hinterfragen, ob sie immer noch gut und angemessen für uns sind.

Und das macht man in Coaching und Supervision: Der Termin mit dem Coach ist verbindlich, die Zeit für die Selbstreflexion ist reserviert und die Regelmäßigkeit gewährleistet. Noch dazu wird der Coach durch gezielte Interventionen und Fragetechniken das Nachdenken über das eigene Verhalten anregen. Und sicher spornt er auch an und motiviert. Kein Wunder also, dass die Arbeit mit einem Coach meist nachhaltiger, zielführender und effektiver ist als Selbst-Coaching.

Wie finde ich den richtigen Coach?

Es gibt immer noch keine allgemein anerkannte Ausbildung, keine einheitlichen Qualitätskriterien oder Anforderungen an den Coach. Genauso unklar sind oft die Erwartungen der Klienten.

Ein kompetenter Coach wird niemand über Nacht. Ein solider Grundberuf kann die Ausgangsbasis sein, beispielsweise ein Psychologie- oder ein anderes sozialwissenschaftliches Studium. Anschließen sollten sich einige Jahre Berufserfahrung, jede Menge Lebenserfahrung und eine Coaching-Ausbildung bei einer seriösen Institution.

Kein Coach kann Alleskönner sein, das wird auch die beste Ausbildung nicht leisten können. Die meisten Coaches spezialisieren sich deshalb auf bestimmte Probleme oder Themengebiete, meist in Zusammenhang mit ihrem Grundberuf, in dem sie ja auch praktische Erfahrungen gemacht haben. Deshalb lohnt es sich, bei der Coach-Suche nach der Spezialisierung zu fragen.

Gute Coaches lassen sich auch regelmäßig von anderen coachen oder sprechen mit Kollegen über ihre Fälle.

Im Internet machen Coaching-Angebote Tausende von Treffern aus, aber im wirklichen Leben erfolgt die Suche nach dem richtigen Coach hauptsächlich über Mund-zu-Mund-Propaganda. Freunde, Kollegen, Personalentwickler und Coaching-Verbände geben Tipps.

Um einen kompetenten Coach zu finden, können Sie durchaus drei Coaches konsultieren, bevor Sie Ihre endgültige Wahl treffen. Lassen Sie sich Werdegang und Referenzen nennen, erfragen Sie das Fachgebiet, bitten Sie um eine Schilderung des Ablaufs. Besprechen Sie das Honorar offen. Die Stundensätze liegen in der Regel zwischen 100 und 200 Euro, eine Sitzung dauert üblicherweise zwei Stunden. Unterzeichnen Sie den Vertrag erst nach Bedenkzeit.

Kritik und Alternativen zu Coaching

Führungskräften wird immer häufiger von ihrem Arbeitgeber ein Coaching bezahlt. Der Coach kann dann leicht als der verlängerte Arm der Geschäftsführung gesehen werden – wenn auch meist die Freiwilligkeit von Coaching betont wird. Problematisch: Wer als Führungskraft ein Coaching vom Chef ans Herz gelegt bekommt, kann das kaum ablehnen, ohne seiner Karriere zu schaden. So kann es zu einer »unfreiwilligen Freiwilligkeit« kommen.

Auch für den Coach kann es zu Konflikten kommen, wenn er die Interessen eines Unternehmens vertreten und gleichzeitig neutraler Dialogpartner sein soll. Dagegen hat eine unabhängige Beratung für den Klienten den Vorteil, dass er aus freien Stücken und auf eigene Kosten kommt. Entsprechend hoch dürfte dann seine Motivation sein.

Nachteile des Coachings sind die hohen Kosten, das »Psycho-Image« und die fehlende Transparenz. Schließlich läuft ein Coaching hinter verschlossenen Türen ab. Für alle, die nicht unbedingt auf ein Einzel-Gespräch angewiesen sind, können auch Kurse oder Seminare bei verschiedenen Einrichtungen, selbst bei einer Volkshochschule eine Alternative sein, etwa wenn es um Karriereplanung oder Neuorientierung im Job geht.

Zum Weiterdenken

- »Man kann einen Menschen nichts lehren, man kann ihn nur dabei unterstützen, es in sich selbst zu entdecken.« (Galileo Galilei)
- »Wenn man in die falsche Richtung läuft, hat es keinen Zweck, das Tempo zu verdoppeln.« (Birgit Breuel)
- »Wenn der Wind des Wandels weht, bauen die einen Mauern, die anderen Windmühlen.« (Chinesisches Sprichwort)

Zum Weiterlesen

Rauen, C. (Hrsg.): Handbuch Coaching. Göttingen 2000
Rauen, C.: Coaching. Göttingen 1999
Stiftung Warentest: Karriere. Sonderheft. Dezember 2008
Sachsenmeier, I. (Hrsg.): Die Coaching-Praxis, Weinheim und Basel 2009
Wehrle, M.: Karriereberatung. Menschen wirksam im Beruf unterstützen. Weinheim und Basel 2007

Zum Weiterklicken

www.coachingportal.de
Internetportal der Deutschen Psychologen-Akademie

www.supervisorenregister.de
Register des Berufsverbands Deutscher Psychologen
(BDP) von Supervisoren und Coaches

www.rauen.de
Internetportal der Christopher Rauen GmbH

www.coach-datenbank.de
Internetportal der Christopher Rauen GmbH, das eine
Übersicht von professionellen Coaches in Deutschland,
Österreich und in der Schweiz gibt.

www.profilingportal.de
Kostenlose Leistungs- und Persönlichkeitstests

www.coaching-magazin.de

Sabbatical: Ausstieg auf Zeit

Wer kennt ihn nicht, den Wunsch, mal alles hinzuschmei-
ßen und für ein paar Monate mal was ganz anderes zu machen? Laut Umfragen träumt jeder zweite Deutsche davon.

Vor allem dann, wenn der Job Ihnen ständig schlaflose
Nächte bereitet, Sie Ihre Lebenssituation generell überdenken wollen, wenn für Partnerschaft, Freunde und Familie kaum noch Zeit bleibt, der unerfüllte Wunsch nach
der Weltreise chronisch im Kopf herumspukt oder Sie seit
Jahren mit einem Projekt schwanger gehen, das endlich
geboren und in die Realität umgesetzt werden will, dann
könnte es einen Ausweg geben.

Vielleicht ist die Verwirklichung dieses Traums sogar
ein zukunftsträchtiges Modell für eine ganz spezielle
Form von Teilzeitarbeit. Es heißt in englisch »Sabbatical«
und bedeutet das »Aussteigen über einen längeren Zeitraum«. Der Begriff ist ursprünglich abgeleitet von dem
»Sabbatjahr«, also der alttestamentarischen Tradition, die
Felder nach sechs Jahren Arbeit ein Jahr brachliegen zu
lassen. Dieses Wort kommt vom hebräischen Wort »Shab-
bat«, was so viel wie »loslassen, aufhören« bedeutet.

In den 1960er Jahren kam an US-Universitäten das Sabbatical im Berufsleben auf: Man arbeitete sechs Jahre lang für
sechs Siebtel des Gehalts, um dann im siebten Jahr bezahlt
ein Freizeit- und/oder Forschungssemester einzulegen. Inzwischen gibt es in Europa nicht nur für Professoren an
der Universität die Möglichkeit ein Sabbatical zu beantra-
gen. Die Bedeutung des Begriffs »Sabbatical« hat sich in
den letzten Jahren genauso gewandelt wie das Tempo im
Arbeitsleben. Heute ist Sabbatical für viele eine innova-
tive Form der flexiblen Arbeitszeitgestaltung. Erwerbstä-
tige steigen für eine gewisse Zeit – von einem Monat bis zu

mehreren Jahren – aus dem Arbeitsalltag aus. Denn in vielen Firmen der Privatwirtschaft kann sich ein Mitarbeiter durch Lohnverzicht und durch den Aufbau von Plusstunden (beispielsweise durch Überstunden) einen Freizeitanspruch aufbauen. Und dieser Freizeitanspruch kann dann an einem Stück genommen werden, wobei während der gesamten Zeit das Einkommen konstant bleibt.

Kaum jemand plant heute sieben Jahre im Voraus – die meisten bleiben heutzutage gar nicht so lange in einem Job. Deswegen versteht man unter Sabbaticals heute eine Vielzahl von spontaneren Ausstiegsmodellen, die von Unternehmen durchaus geschätzt und in manchen europäischen Gesellschaften gewürdigt werden.

In Dänemark, den Niederlanden und in Finnland etwa fördert der Staat Arbeitsunterbrechungen für Sabbatical-Zeiten sogar finanziell. Für die Beschäftigten ist dadurch der Anreiz, ihre Erwerbstätigkeit zu unterbrechen, größer. Die freigewordenen Stellen werden (im Idealfall) von Langzeitarbeitslosen bis zur Rückkehr des Urlaubers ausgefüllt. So versucht man, zwei Fliegen mit einer Klappe zu schlagen: der Sabbatical-Nehmer kann auftanken und man tut auch noch etwas gegen die Arbeitslosigkeit.

Australier und Japaner gehen in dieser Zeit oft auf Reisen (beispielsweise nach Europa) oder bilden sich weiter, während in den USA viele Auszeitler ihre Arbeitskraft sozialen Projekten zur Verfügung stellen. Damit dies gut funktioniert, müssen klare Regeln für das Ankündigen und Antreten eines Sabbaticals festgelegt werden. Ebenso muss auch fixiert werden, ob und wie Krankheitszeiten im Sabbatical angerechnet werden.

Immerhin – auch in Deutschland bieten schon 3 Prozent aller Unternehmen ihren Mitarbeitern die Chance, ein Sabbatical zu nehmen. Allerdings sind es vor allem große Unternehmen wie VW, Deutsche Post, BMW, Daimler oder Siemens, die den Ausfall eines Mitarbeiters

für längere Zeit verkraften können – im Gegensatz zu
kleineren Betrieben, die sich damit oft noch schwer tun.
Immerhin, auch die Unternehmen haben einen Vorteil
vom Sabbatical ihres Mitarbeiters. Schließlich wissen sie,
dass der Job heute vielfach stresst. Nach einer Auszeit
kommen die Mitarbeiter meist ausgeruht zurück. Wer sich
eine Weile entspannen konnte, arbeitet danach meist moti-
vierter – und beugt zusätzlich einem Burnout vor. Eingedenk des zukünftigen Fachkräftemangels sind Unternehmen, die ein Sabbatical ermöglichen, attraktiv.

Flexibel in alle Richtungen

Es gibt viele Gründe für ein Sabbatical: mal den Kopf frei
bekommen, die Seele baumeln lassen, endlich ausreichend
Zeit haben für sich, für Partner oder Familie, eigene Projekte verwirklichen, Neuorientierung, Weiterbildung oder
die vielbeschworene Weltreise. Sabbatical ist für Sie eine
Möglichkeit, wenn ...

- Sie sich ausgepowert oder ausgebrannt fühlen;
- Sie Ihre beruflichen Möglichkeiten und Perspektiven
  überdenken wollen;
- Sie sich privat umorientieren wollen;
- Sie Ideen oder Projekte in Ihrem Kopf herumtragen, die
  Sie nicht neben Ihrem Berufsalltag umsetzen können;
- Sie keine Angst vor unstrukturierter Zeit haben;
- Sabbatical in Ihrem Unternehmen und von Ihrem Chef
  akzeptiert ist;
- Sie ausreichend finanziell abgesichert sind;
- Sie genügend planerische Fähigkeiten besitzen, um die
  Zeit angemessen und zielgerecht zu nutzen.

Die großen und die kleinen Fluchten

Wenn die innere Entscheidung für den Ausstieg auf Zeit gefallen ist, sind Gespräche mit Gleichgesinnten und Menschen, die schon eine Auszeit genommen haben, oder Erfahrungsberichte (Internet oder Literatur) nützlich. Damit kann man sich jede Menge Fehlentscheidungen und Sackgassen ersparen.

Wenn Sie die Zeit allein nutzen und länger verreisen möchten, sprechen Sie rechtzeitig mit Ihrem Partner/Ihrer Partnerin. Denn wenn er/sie sich ausgeschlossen fühlt, wird das Sabbatical boykottiert und erhält nicht die notwendige Unterstützung. Vor allem dann, wenn damit Trennungsangst einhergeht und der/die andere glaubt, die Beziehung wird dadurch infrage gestellt, wird es problematisch.

Dabei sind es vielleicht nicht nur um die Partner oder die Familie, die sich als Bedenkenträger zeigen; das kann für Freunde oder Kollegen genauso zutreffen.

Klar muss Ihnen sein: Wenn Sie etwas Neues machen wollen, wird Ihnen nicht nur Begeisterung entgegenschlagen. Freunde und Kollegen heben mahnend den Zeigefinger, erzählen Panik-Stories über Auszeitler und schwanken zwischen Sorge und Neid. Lassen Sie sich nicht beirren, nehmen Sie es als Prüfung Ihres Projekts »Sabbatical«: Wie ernst ist es Ihnen wirklich mit der Auszeit?

Aber vielleicht wollen Sie Ihr Sabbatical ja auch zusammen mit Ihrem Partner oder Ihrer Familie machen, oder Sie wollen gar nicht verreisen, sondern Ihre Auszeit einfach zu Hause verbringen, »Endlich mal tun, wozu ich Lust habe«, sich vor Ort weiterbilden, ein anderes Tätigkeitsfeld kennen lernen, sich sozial engagieren oder Ihr Traumprojekt verfolgen.

Wenn Sie ernsthaft ein Sabbatical planen, sollten Sie sich klar machen …

- was Ihr Ziel für das Sabbatical ist,
- wie lange es dauern soll,
- wie Sie es finanzieren wollen/können,
- mit wem und wo Sie es hauptsächlich verbringen wollen,
- was Sie tun wollen – und was auf keinen Fall,
- was idealerweise das Ergebnis wäre,
- wie Ihre Vorbereitungen aussehen sollen,
- was und wen Sie dazu benötigen,
- ob Ihre Auszeit mit den Firmeninteressen vereinbar ist,
- wie es danach weitergehen beziehungsweise wie der Wiedereinstieg aussehen soll.

Die finanzielle Dimension

Was auf jeden Fall ansteht, ist ein Kassensturz – vor allem, wenn Sie reisen wollen oder eine teure Weiterbildung machen: Was kann ich mir finanziell leisten, und wo kann/muss ich sparen? Wenn Sie kein dickes finanzielles Polster haben, kommen Sie nicht umhin, mit spitzer Feder zu rechnen:

- Wie viel brauchen Sie minimal, was wäre optimal?
- Wo können Sie (schon im Voraus) sparen?
- Differenzieren Sie zwischen den weiterlaufenden Kosten zu Hause und den Kosten für Ihre Reise/Weiterbildung etc.: Wollen Sie Ihre Wohnung vermieten (Freunde/Verwandte, Mitwohnzentrale)?
- Wie viel brauchen Sie als Notgroschen für Unvorhersehbares?

Zwischen zwei Jobs

Für die Auszeitler, die ihr Sabbatical zwischen zwei Jobs nehmen, also es mit einem Jobwechsel in ein anderes Unternehmen verbinden, sind diese Fragen besonders wichtig:

- Will ich schon vorher den neuen Arbeitsvertrag unterschreiben, muss ich also zu einem konkreten Termin bei der neuen Firma auf der Matte stehen, habe aber dadurch wenigstens etwas Sicherheit?
- Oder sage ich mir: Ich gehe das Risiko eines Open-end-Sabbaticals ein und werde dann sehen, was ich mache, wenn ich zurückkomme. Habe ich dann die nötige Treibsandtauglichkeit, um auf dem unsicheren Grund zu überleben? Konkret: Glaube ich – auch in schwierigen Zeiten – genug an mich?

Auch muss ich überlegen, was ich mir leisten kann – aber eben auch, wie viel Risiko passt zu mir, zu meinem Leben und zu der Lebensphase, in der ich gerade bin? Lebe ich eher nach dem Motto »No risk, no fun« oder macht mir zu viel Unsicherheit Angst und ich brauche einen verlässlichen Rückkehrplan?

Unternehmenstreue Auszeitler

Wenn Sie Ihrem Arbeitgeber nach dem Sabbatical treu bleiben möchten, müssen Sie natürlich rechtzeitig mit Ihrem Vorgesetzen reden. Je länger vorher, umso besser. Denn dann kann das Unternehmen planen. Klar, dass man nicht mitten in einem Projekt dem Chef mit solchen Ideen kommen kann. Ein gelungenes Sabbatical ist kein Schnellschuss. Bereiten Sie es langfristig vor, damit Ihnen das nicht als »Fahnenflucht« ausgelegt wird. Günstige Zeitpunkte für eine Auszeit sind zum Beispiel vor einem Abteilungs- oder Positionswechsel oder nach einem abgeschlossenen Projekt.

Stimmt das Unternehmen zu, sind Dauer des Sabbaticals, Fortführung des Arbeitsvertrags mit Zusicherung für den richtigen Arbeitsplatz und das Procedere für die Rückkehr zu klären. Wichtig: Abmachungen müssen auf jeden Fall schriftlich fixiert und beidseitig unterschrieben werden.

Die arbeitsrechtliche Seite

Es bestehen drei Möglichkeiten, den Arbeitsvertrag während des Sabbaticals fortzuführen. Vorteil: Der Arbeitgeber zahlt Lohn und Anteil an Kranken-, Renten-, Pflege- und Arbeitslosenversicherung weiter. In FOCUS-Online beschreibt Silke Jommersbach drei Modelle:

Langzeitarbeitskonto: Beschäftigte können auf dem Konto Überstunden, Urlaubstage und Sonderzahlungen sammeln und sich diese als Freizeit auszahlen lassen. Problematisch: Das Arbeitszeitgesetz schreibt eine maximale Arbeitszeit von acht Stunden am Tag vor. Zudem dürfen nach dem Bundesurlaubsgesetz nur die Tage auf dem Konto landen, die den Jahresmindesturlaub von 24 Tagen übersteigen. Diese müssen dann bis zum 31. März des Folgejahrs abgefeiert werden.

Lohnverzicht: Angestellte verzichten für eine bestimmte Zeit auf einen Teil ihres Gehalts und erhalten entsprechend Freizeitausgleich. Verbeamteten Lehrer in Nordrhein-Westfalen zahlt das Land auf Wunsch sechs Jahre sechs Siebtel ihres Gehalts, das siebte Jahr haben sie frei. BMW-Mitarbeiter verzichten pro Sabbatical-Monat auf ein Zwölftel ihres Jahreseinkommens und steigen maximal ein halbes Jahr aus.

Sonderform der Teilzeit: Siemens und die Deutsche Post bieten ihren Beschäftigten zeitlich befristete Teilzeitverträge an. Wer eine Vereinbarung über 30 Wochenarbeitsstunden abschließt und drei Jahre 40 Stunden pro Woche arbeitet, bekommt das vierte Jahr frei.

Individueller Nutzen

Endlich ist die freie Zeit da! Und das gleich für ein paar Monate. Richtig durchatmen, neue Horizonte, sich wiederfinden. Sie haben vorher Ihre Ziele gesetzt und Pläne gemacht. Doch Ziel ist (meistens) auch, die Lebensfreude wiederzuentdecken und nicht immer nur zu funktionieren.

- Es ist gut, eine Zeitstruktur zu haben, aber verplanen Sie die Zeit nicht minutiös.
- Vielleicht ist ein Tagebuch für Sie das Richtige?!
- Oder nehmen Sie sich einfach einmal Zeit nur für sich und folgen Sie Ihren eigenen Impulsen, ohne vorgefassten Plan.
- Warum sich nicht mal mit Sinnfragen beschäftigen? – Woher komme ich? Was soll ich, was will ich hier? Wohin gehe ich? Was hinterlasse ich?

Geben Sie sich Raum und Zeit, Ihren Rhythmus, Ihre Geschwindigkeit wiederzufinden.

Wiedereinstieg

Irgendwann ist die Zeit um. Nach Wochen, Monaten oder einem Jahr ruft der (Berufs-)Alltag wieder. Versuchen Sie, eine sanfte Landung hinzubekommen. Nehmen Sie sich Zeit für die Re-Integration. Ohnehin wird Sie die Hektik des Alltags schnell wieder einholen. Sicher ist jedoch: Die Sabbatical-Erfahrungen kann Ihnen keiner mehr nehmen. Vielleicht schaffen Sie es, sich das Gefühl, die innere Haltung zu bewahren.

Zum Weiterdenken

■ Wir treffen (fast) immer Entscheidungen auf Grund unzureichender Daten.

■ Wer sich selbst nicht bewegt, wird bewegt.

■ Es ist nicht schlimm hinzufallen, aber es ist schlimm, liegen zu bleiben.

Zum Weiterlesen

Pohl, E.: Sabbatical – So gewinnen alle!, München 2008
Hübner, T.: Die Kunst der Auszeit – Vom Powernapping
bis zum Sabbatical, Zürich 2006

Zum Weiterklicken

www.ratgeber-aussteigen.de
Allgäuer Ehepaar, das per Fahrrad durch die Welt reist, gibt viele konkrete Tipps zur Finanzierung und Organisation des Ausstiegs.

www.fernwehforum.de
Reise- und Erfahrungsberichte und nützliche Tipps für Traveller, dazu Foren zu Kontinenten oder einzelnen Ländern, plus Hotelbewertungen, Links zu Billigfluggesellschaften etc.

www.aus-innovativ.de
Die juristische Fakultät der Uni Köln hat eine 25 Seiten starke Dokumentation ins Internet gestellt: Dort können sich Interessierte über Arbeitszeitmodelle und alle anderen rechtlichen Fragen rund um das Sabbatical informieren.

www.ba-auslandsvermittlung.de
Wer es auch im Sabbatical nicht lassen kann, findet über die Zentrale Auslands- und Fachvermittlung (ZAV) eventuell einen Job im Ausland. Telefon: 0228/713 13 13

Job-Nomaden und Expatriates:
Dem Beruf hinterherziehen

Irgendwann taucht die Frage auf: Bin ich eigentlich noch auf der richtigen Stelle, und wenn ja, wie lange noch? Wie zufrieden bin ich eigentlich in meinem Job? Möchte ich hier alt werden? Oder wollte ich nicht noch etwas mehr von der Welt sehen – und zwar nicht nur als Tourist?

Wenn diese Fragen plötzlich auftauchen und man in einem großen internationalen Konzern arbeitet, hat man Glück. Dann besteht die Möglichkeit, vielleicht in einer Dependance in Toronto oder Singapur, in Rio oder Kairo zu arbeiten: Jet-Setting zum Wohle von Firma und Mitarbeiter. Für manche heißt das Abschied für ein paar Monate und für andere eine jahrelange Abwesenheit von zu Hause, womöglich inklusive der gesamten Familie. Manch einer war am Ende des Berufslebens vielleicht sogar an diversen Orten auf der Welt berufstätig.

Wenn man sich zu Auslandsaufenthalten entschließt, ist das oft sehr nützlich. Nicht nur, weil man die Welt gesehen hat und interessante Erfahrungen in einem ganz anderen Umfeld macht, sondern auch, weil es bei Personalern im Bewerbungsgespräch gut ankommt, wenn man in seiner Vita »Auslandsaufenthalt« nachweisen kann – gerade in Zeiten, in denen Mobilität und Flexibilität als hohe Werte angesehen werden. Für Studenten, die ihre Berufschancen verbessern wollen, ist ein Aufenthalt in der Fremde heutzutage jedenfalls sinnvoll.

Vielleicht wollen Sie – weil die Berufssituation in Deutschland für Sie schwierig ist – generell auswandern und auf Teneriffa eine Windsurf- und Tauchschule aufmachen oder in Australien ein Dental-Labor? Schließlich ist der Trend raus aus Deutschland in diesen schwierigen Zeiten ungebrochen – wenn es auch die meisten immer noch in den deutschsprachigen Bereich zieht, in die Schweiz und nach Österreich. Danach folgen in der Beliebtheitsskala die USA, dann kommt das europäische Ausland, vor allem Großbritannien. Aber manche zieht es auch nach Kuwait oder Mumbai, nach Peking, Singapur oder Toronto. Man nennt diese Wirtschaftskosmopoliten neuerdings »Expatriates« oder »Expats«, also Personen, die aus ihrem Heimatland wegziehen, oder man spricht von »Job-Nomaden«.

Generell hat sich die Mobilität erhöht – nicht nur auf der Kurzstrecke, sondern auch beim richtigen oder zeitlich begrenzten Auswandern. Jahr für Jahr sagen mehr als 150 000 Deutsche ihrer Heimat ade. Die Bundesrepublik erlebt die größte Auswanderungswelle ihrer Geschichte. Fast 40 Prozent der Deutschen spielen mit dem Gedanken an Auswanderung, davon 8 Prozent ernsthaft. Dumm für die deutsche Wirtschaft: 56 Prozent aller Studenten – so eine Umfrage des Manager Magazins – können sich grundsätzlich vorstellen ins Ausland zu gehen. Schon ein Bruchteil dieses Exodus wäre ein »brain-drain« allererster Güte.

Bleiben oder gehen?

Zu allen Zeiten sind Menschen Jobs hinterhergezogen: Man denke nur an die Entstehung des industriellen Ruhrgebiets im 19. Jahrhundert, den »Goldrausch« in Kalifornien oder die »Gastarbeiter« in den 1960er Jahren. Aber nie waren die Menschen der industrialisierten und globalisierten Welt so beweglich wie heute.

Allein in Deutschland gibt es nach Angaben des Instituts der deutschen Wirtschaft (IW) an die 360 000 Wochenendpendler, ein Zuwachs von 12 Prozent. Wochenendpendler sind dadurch definiert, dass sie am Arbeitsort eine zweite Wohnung haben. Auch sie zählen zu den Job-Nomaden.

Wochenendpendler leben in Partnerschaften, die als LATs bezeichnet werden, »Living Apart Together« – auseinander zusammenlebend. Sie brechen montags Richtung Büro auf, um Ende der Woche zurückzukehren. In der Zeit kann die Beziehung allein über Kommunikationstechnologien gelebt und gepflegt werden: E-Mails, SMS, Skype und Telefonate verbinden die Partner virtuell, die physisch getrennt sind.

Nicht immer geht das auf Dauer gut. Spätestens wenn man schon montags die Woche vorspulen möchte, die Fast-Forward-Taste im Anwendungsprogramm des eigenen Lebens sucht, könnte etwas nicht stimmen. Manche quält die Einsamkeit, andere die Eifersucht. Dann steht eine Überprüfung der Arbeits- und Lebenssituation an: Ist es besser, etwas zu verändern, vielleicht auch ganz woanders zu beginnen?

Rückstrom ins Heimatland

Aber es gibt inzwischen auch schon wieder einen Gegentrend: Ein nicht unbeträchtlicher Teil der Ausgewanderten kommt wieder nach Deutschland zurück oder kommt neu nach Deutschland (zirka 110 000). Und es gibt Organisationen, die sich – zum Teil unterstützt durch die Politik – zum Ziel gesetzt haben, die Expatriates wieder in ihr Heimatland zurückzuholen und neue Zuwanderer aus den besseren Berufen zu gewinnen. Eine der Organisationen heißt »Repatria Academica« (www.repatria-academica.de).

Äußere und innere Bewegungen

Der gemeinsame Nenner zwischen Expatriates und Repatriierten: Wir sind immer mobiler, flexibler und beweglicher geworden. Es sind äußere, geografische Bewegungen. Entscheidend aber ist die Frage: Was bewegt mich innerlich? Ist die äußere Veränderung notwendig, damit eine innere Veränderung, eine innere Bewegung und Reifung, stattfinden kann? Andre Heller hat es in einem Lied so formuliert: »Die wahren Abenteuer sind im Kopf. Und sind sie nicht in deinem Kopf, dann sind sie nirgendwo.«

Wichtige Fragen

- Bin ich eher ein Reizsucher oder ein Nesthocker?
- Träume ich immer wieder von einem Leben an ganz anderen Orten, von einem ganz anderen Leben?
- Machen mir neue Situationen Angst?
- Bin ich gut darin, mir neue berufliche und private Netzwerke aufzubauen?
- Wie lange kann/will ich ein Nomadenleben führen?
- Wann will ich wo meine Wurzeln schlagen?

Zum Weiterlesen

Schrenk, J.: Die Kunst der Selbstausbeutung – Wie wir vor lauter Arbeit unser Leben verpassen. Köln 2007

Kossak, G.: Patchwork-Leben und Karriereplan. Bern – Stuttgart – Wien 2000

Alex, C.: Der Auszeiter: Vom Management ins Leben – und zurück. Ein Selbstversuch. Berlin 2007

Downshifting: Das ganz andere Leben, der ganz andere Job

»Downshifting« bedeutet in etwa »runterschalten«. Dieser Begriff wird heutzutage verwendet, wenn Karrieristen beschließen, weniger zu arbeiten, oder wenn sie ganz aus ihrem alten Beruf aussteigen und/oder in einen neuen einsteigen wollen. Im New Oxford Dictionary of English wird unter »Downshifting« der Tausch einer finanziell attraktiven, aber stresserfüllten Karriere gegen eine weniger anstrengende, aber erfüllendere Lebensweise verstanden. Diese ist meist mit geringerem Einkommen verbunden.

Es war der Management-Guru Charles B. Handy (Gründer der London School of Economics), der den Begriff »Downshifting« schon Mitte der 1990er Jahre in die Welt setzte. Aber es dauert ja immer einige Zeit, bis sich so ein Begriff durchsetzt. Es musste erst das neue Jahrtausend anbrechen, bis auch in Deutschland über Downshifting gesprochen wurde. Und zu einem richtigen Boom kam es erst ab 2005.

Reif für eine Wende

Die meisten Downshifter entscheiden sich für einen Lebensstil entgegen der Norm: Sie wechseln in einen Job, der zwar mit weniger Verantwortung und einer schlechteren Bezahlung verbunden ist, aber dafür weniger stressig ist und mehr Freizeit ermöglicht.

Anfällig für die Idee des Runterschaltens sind vor allem Karrieristen, denen beim Aufstieg der Sinn abhandengekommen ist. Typische Aussteiger sind meist Personen, die in ihrem Beruf sehr erfolgreich waren. Sie haben oft 16 Stunden am Tag gearbeitet, arbeiteten mehr oder weniger regelmäßig 80 Stunden in der Woche, jetteten um die Welt, waren auf allen angesagten Partys und regenerierten in Wellness-Oasen.

Vielleicht liegt es am wachsenden Arbeitstempo, der 24/7-Erreichbarkeit oder am Diktat von Flexibilität und Mobilität, dass sich immer mehr Menschen frühzeitig daraus verabschieden. Der Beruf war für sie zentraler Lebensinhalt und es gab wenig neben dem Job. Mit der Zeit frisst der Job alles auf – es bleibt (wenn man nicht aufpasst) kaum noch Zeit für das Privatleben. Insbesondere in den Super-Jobs fällt es schwer, den Anforderungen des Unternehmens Grenzen zu setzen und sich nicht allen Berufsbelastungen auszusetzen. Doch in Krisenzeiten trifft es auch immer öfter mittlere und einfache Angestellte und sehr häufig diejenigen, die versuchen, irgendwie den Anforderungen von Job *und* Familie gerecht zu werden. Downshifting ist für manche die neue Devise – mit dem Ziel gelebter Work-Life-Balance, also einem stabilen Gleichgewicht von eigenen Bedürfnissen und denen von Familie und Beruf. Der Downshifter zieht die Notbremse.

Hinzu kommen schließlich bei vielen Menschen die wirklich wichtigen Fragen auf: Soll das alles sein? Gibt es nicht noch mehr, als Geschwindigkeit und Effizienz zu erhöhen? Gibt es nicht mehr als Erfolg, Geld und Macht – und die Fassade, die nach Außen hin vermeldet: »Bei mir ist alles easy, locker und voller Spaß«? Denn darunter sieht es häufig ganz anders aus …

Bekannt gemacht haben das Downshifting vor ein paar Jahren Leute wie Angie Sebrich, die ehemalige Kommunikationschefin des Musiksenders MTV. Sie hatte alle Insignien eines coolen Traumjobs: Prestige, Geld und gute Kontakte. Sie war überall dabei auf wichtigen Meetings und Pressekonferenzen mit den Angesagten dieser Welt, auf Glamour- und Glitzerpartys. Die Kehrseite des Traumjobs der Pressechefin war der hochgradige Stress: Termindruck

und Deadlines, Hektik in einem Leben zwischen Terminen, Präsentationen, Telefonaten und E-Mails.

Nachdem sie das ausgekostet hatte, wollte sie etwas anderes: mehr Freizeit, eine Familie und einen Hund. Und
sie hat sich – trotz all der ihr angebotenen Meriten – bewusst gegen die Medienkarriere entschieden. Statt ständig
auf bezahlten Dienstreisen um die Welt zu jetten – New
York, Singapur, Barcelona –, leben sie und ihr Mann als
Herbergseltern einer Jugendherberge in Sudelfeld-Bay-
rischzell. Dabei war der Entschluss, ihr schillerndes Leben
als Pressefrau von MTV aufzugeben, »eine reine Bauch-
entscheidung«. Wenn sie gewusst hätte, was sich damals in
ihrem Bauch tatsächlich abspielte, hätte sie sich den
Schritt wohl gut überlegt: Sie war mit Zwillingen schwanger. In ihrem Buch »Nichts gesucht, viel gefunden: Von
der Medienfrau zur Herbergsmutter« beschreibt sie, warum sie ihr neues Leben keineswegs als Abstieg empfin-
det: »Das Leben ist keine Casting-Show… Ich war reif für
die Berge.« Tauschen möchte sie auch rückblickend nicht.
Sehnsucht nach der Szene, nach Glamour und MTV? Mit-
nichten.

Sein statt Haben: Gegenbewegungen

Die Idee von weniger Arbeit und mehr Leben scheint immer mehr Anhänger zu gewinnen. Der wachsende Druck
in der Arbeitswelt und die Anonymität in den Unternehmen treibt selbst Hardcore-Karrieristen in die Sinnkrise.
Und immer mehr entscheiden sich gegen Geld und für Lebensqualität.

Dabei scheint dieser Aussteiger-Trend wellenartig alle
20 bis 30 Jahre wiederzukommen. Was in den 1980er Jahren »Alternativszene« genannt wurde und in den 1960ern
»Hippies«, scheint seine Wiederauferstehung unter dem
neuen Begriff »Downshifting« zu feiern. Mit den politisch

orientierten Aussteigern der 1970er Jahre haben die heutigen Downshifter allerdings nicht viel gemein. Was damals als politischer Akt gemeint war, ist heute reine Privatsache. Die Alternativen wollten damals das System erneuern, die Downshifter von heute wollen nach dem Motto »Simplify your life« vor allem sich selbst verändern.

Trotzdem haben diese Gegenbewegungen auch einen gemeinsamen Nenner: Sie versuchen, sich wieder auf das Wesentliche im Leben zu konzentrieren. Sie wollen sich aus dem Tretmühlendasein der Überflussgesellschaft befreien: all den überflüssigen Plunder, der sich in Beruf, Wohnung, Körper, Geist und Seele angesammelt hat, endlich loswerden und herausfinden, was sie wirklich brauchen, was sie wirklich wollen, wie und womit sie ihre Zeit verbringen.

Lebenszeit

Michael Ende hatte das schon vor einiger Zeit in seinem Märchen »Momo« ausgedrückt. Dort nämlich treten in einer zwar armen, aber zufriedenen Kleinstadt plötzlich die kleinen grauen Herren von der »Zeit-Sparkasse« auf und wollen den glücklichen Kleinstädtern helfen, die Zeit zu sparen, die sie bei ihnen aufs Konto legen und verzinsen können. Und was passiert? Sie haben zwar alle mehr Geld und mehr Wohlstand, aber – im Druck, die Zeit zu sparen – immer weniger Zeit, hetzen durch die Gegend, vertragen sich untereinander nicht mehr, können nichts mehr genießen. Und letzten Endes haben sie nichts davon, dass sie die Zeit bei der Sparkasse gespart haben, weil sie sie nämlich nicht mehr zurückbekommen – und weil man Zeit gar nicht sparen kann.

Vielleicht muss man sich wirklich entscheiden: für einen Reichtum an Zeit oder einen Reichtum an Geld. Oder das richtige Gleichgewicht zwischen beidem.

Small is beautiful

»Weniger ist mehr« ist denn die Devise der Downshifter. Ein Mann, der das Problem schon Anfang der 1960er Jahre gesehen hat, ist der englisch-deutsche Nationalökonom E. F. Schumacher. Er galt damals als belächelter, einsamer Rufer in der Wüste des total konsumorientierten Wirtschaftswunders. Heute bezeichnet man ihn voller Ehrfurcht als »Ein-Mann-Frühwarnsystem«. Der ehemalige Wirtschaftsmanager hat sich gegen die verhängnisvolle Tendenz zur unmenschlichen Größe und Komplexität gewandt und die Parole »Small is beautiful« – klein ist schön – geprägt. Er hat damit für überschaubare und dezentrale wirtschaftliche Einheiten plädiert und versucht, diese Strukturen auch auf das soziale Leben zu übertragen. Klein ist für ihn nicht nur schön, sondern auch möglich und notwendig. Und genau darum geht es auch den Downshiftern: um Überschaubarkeit, Menschlichkeit, Sinnhaftigkeit und Sinnlichkeit.

Wie sagte schon Sokrates vor über 2000 Jahren: »Ich sehe mit Freude, wie viele Dinge es gibt, die ich nicht brauche.«

Claus Rottenbacher war einst ein Star der New Economy und lebte ein paar Jahre auf der Überholspur. Vier Jahre lang war er Chef des Energie-Broker-Unternehmens »Ampere AG«, das er 1998 zusammen mit seinem Bruder gründete. Ihr Unternehmen ist so erfolgreich, dass sie die bisherigen Strommonopolisten auf den Plan ruft. Die Geschäftsidee von Ampere: Strom auf dem freien Markt aufkaufen und günstiger als die bisherigen Monopolisten abgeben. Der Erfolg ist durchschlagend – zum Missfallen der Stromgiganten. Es wird enger – Rottenbacher ist Tag und Nacht im Einsatz, um deren Angriffe abzuwehren. Bald kommt es zu juristischen Auseinandersetzungen mit

den Strommonopolisten und zu wiederkehrenden Krisen
– äußerlich wie innerlich. Er spricht von steigendem »Un-
wohlsein« und fühlt sich bedroht, ist krank vor Anspannung.

An einem Abend im Sommer 2002 geht plötzlich nichts
mehr. Direkt vom Büro fährt er in die Berliner Charité
und liefert sich selbst ins Krankenhaus ein.

Diagnose: chronischer Stress, totale körperliche und
seelische Erschöpfung – Burnout. Die Ärzte ziehen Claus
Rottenbacher, damals 36, »aus dem Verkehr«.

Ihm wird sehr schnell klar, dass er so nicht mehr weiter-
machen kann. Nach seinem Zusammenbruch verbringt er
einige Wochen in einer psychosomatischen Klinik und
geht danach auf Reisen.

Weggehen, um anzukommen

Es dauert eine ganze Weile, bis wieder Beruhigung eintritt
und die Schlafstörungen verschwinden. Irgendwann wird
ihm klar, dass er raus will aus der Firmenverantwortung
und dass er freier sein und etwas Neues machen muss.

Er kehrt nie mehr an seinen Ampere-Schreibtisch zurück und scheidet vollständig aus der Firma aus. In einem
Interview mit Welt.de sagt er: »Ich hab nicht mit mir geha-
dert deswegen.«

Rottenbacher lebt eine ganze Zeit in den Tag hinein, bis
er sich auf einer Reise entsinnt, wie gern er früher fotografiert hatte. Zurück in Berlin, kauft er sich eine Kamera und
entwirft ein Konzept. Er fotografiert ausschließlich Kinder, macht aber keine Studiobilder, sondern lichtet die
Kinder daheim in Aktion ab.

Ein Jahr hat er gebraucht, um sein Leben zu ändern.
Heute ist Claus Rottenbacher Kinderfotograf. Er hat sein
Leben komplett verändert. Der neue Beruf und die Arbeit
mit Kindern machen ihm Spaß. Auch in diesem Beruf ist

er sehr erfolgreich und könnte mehr arbeiten. Doch genau das will der 43-Jährige nicht mehr.

Er kann seine Zeit frei einteilen und sagt in seinem puristisch gestylten Fotoatelier in Berlin: »Wertschöpfung ist mir heute nicht mehr das Wichtigste … Natürlich weiß ich, dass die Idee ausbaufähig ist. Aber ich will keinen Erfolg mehr um des Erfolgs willen. Ich will einfach nicht mehr so sein, wie man dann sein muss … Ich habe das Gefühl, dass dieses Leben jetzt viel besser zu mir passt.«

Scheitern lernen

Längst sind die Zeiten linearer Lebensläufe vorbei. Während häufige Job- und Ortswechsel normal und Jobnomadentum, Sabbaticals und Downshifting üblich sind, gibt es keine Garantie für Beständigkeit – und auch keine Garantie für Erfolg.

Ob Karrieristen freiwillig oder aus Not downshiften, ist letzten Endes zweitrangig. Wichtig ist, dass sie von ihrem Karrierehöhenflug wieder sanft landen. Und das ist etwas, was man lernen kann.

Wir brauchen eine Kultur des Scheiterns, in der Turbulenzen und Bruchlandungen genauso zur Lebensplanung dazugehören wie Wechsel und Neubeginn.

Doch noch ist Scheitern in unserer Leistungsgesellschaft, in der nur die Erfolge zählen, nicht vorgesehen. Es ist ein Tabu. Und doch kommt es immer und überall vor und kann jedem passieren: Es kann der verpatzte Abgang im Job genauso sein wie die verhauene Uni-Prüfung oder die gescheiterte Beziehung. Ein Ziel *nicht* erreichen gehört zum Leben. Aber: Wie kann man Niederlagen verarbeiten, damit das persönliche Scheitern als Chance begriffen werden kann?

Wenn man über das Scheitern spricht, muss man auch über den Erfolg reden. Erfolg und Scheitern sind zwei Seiten einer Medaille. Dabei ist Erfolg für jeden das, was er dafür hält: Für den einen ist es Karriere, Geld, Macht, Einfluss, für einen anderen, dass er überhaupt einen Job hat. Für den nächsten wiederum zählt es nur, wenn die Work-Life-Balance wirklich stimmt. Und jeder will natürlich dabei sein, wenn der Erfolg verteilt wird.

Die Angst vor dem Scheitern sitzt tief. Eingeübt wird sie oft schon in der Schule: Verhauene Klassenarbeiten, schlechte Noten und Ehrenrunden sind für viele das Grundmuster des Scheiterns. Und dann wiederholt sich womöglich dieses Muster: falsche Studienwahl, kaputte Ehen, alltägliche Niederschläge im Job.

Allerdings muss das nicht sein, denn Erfahrungen werden durch Versuch und Irrtum gemacht. Auf die Nase zu fallen kann eine wichtige Erfahrung sein, wenn man daraus seine Lehren zieht. Deshalb ist es gut, Toleranz gegenüber eigenen Fehlern zu entwickeln: Wer etwas Neues macht, kann Fehler machen. Wer gar keine Fehler macht, ist feige oder faul.

Richard Sennet fordert in seinem Buch »Der flexible Mensch« dazu auf, das Tabu des Scheiterns zu brechen. Er plädiert für ein »Scheitern ohne Scham und Schuldgefühl«.

Kleine Tipps

■ *Runterschalten*
 – Nehmen Sie sich Zeit für sich selbst und zum Nachdenken.
 – Mehr Freizeit und Ruhe, weniger Verplanung, sich auch mal treiben lassen.
 – Finden Sie Ihre innere Freiheit wieder.
 – Überdenken Sie Ihre Lebenssituation: Was will ich beibehalten, was will ich verändern?

▣ *Grundsätzliches und Prioritäten*
  - Raus aus der Oberflächlichkeit.
  - Was tut Ihnen gut?
  - Was ist Ihnen wichtig?
  - Worauf möchten Sie keinesfalls verzichten?
  - Was fehlt Ihnen?
  - Was möchten Sie gern haben?
  - Wie können Sie es bekommen?
▣ *Entrümpeln und Konzentration auf das Wesentliche*
  - Trennen Sie sich von Überflüssigem, Nutzlosem und »Zeitdieben«.
  - Nicht nur Gegenstände, auch Beziehungen kann man »Ausmisten«.
  - Konsumieren Sie weniger.
▣ *Soziale Ader*
  - Wenn Sie anderen helfen, tun Sie auch etwas Gutes für sich selbst.
  - Hilfe für andere sorgt für mehr Zufriedenheit und Erfüllung.
  - Die Hilfe sollte zu Ihnen passen und ernst gemeint sein. Die Auswahl ist groß: Obdachlosen-Asyl, Kindertagesstätte, Tafel für Bedürftige, Mitarbeit bei Amnesty International, Greenpeace, Spenden (World Vision, SOS-Kinderdörfer, WWF etc.)

Zum Weiterdenken

▣ Man kann die Zahnpasta nicht in die Tube zurückdrücken.
▣ Wer – wenn nicht du? Wann – wenn nicht jetzt?

Zum Weiterlesen

Braig, A., Renz, U.: Die Kunst, weniger zu arbeiten. Frankfurt am Main 1997

Fromm, E.: Haben oder Sein. Stuttgart 1998

Handy, C. B.: Die Fortschrittsfalle. Der Zukunft neuen Sinn geben. München 1998

Münchhausen, M. von: Auszeit. Inspirierende Geschichten für Vielbeschäftigte. Frankfurt am Main 2007

Neu, H.: Weniger arbeiten, mehr leben. Frankfurt am Main 2003

Sebrich, A.: Nichts gesucht, viel gefunden: Von der Medienfrau zur Herbergsmutter. Freiburg 2008

Abgesang:
Vom Leben neben der Karriere
und danach

*»Der Nachteil der Intelligenz
besteht darin,
dass man ununterbrochen
dazulernen muss.«*
George Bernhard Shaw

Wie auch immer der eigene Berufsweg aussieht – ob es um einen steilen oder einen langsamen und allmählichen Aufstieg geht, ob das Up-grading im Vordergrund steht oder das Downshifting, ob als Job-Nomade oder mit einem festen Arbeitsplatz vor Ort, ob ganztags oder halbtags tätig: Immer ist es notwendig und vorrangig, sich Zeitsouveränität zu bewahren.

Für die ganze lange Zeit Ihrer Berufstätigkeit gilt – unabhängig davon, in welcher Branche oder Position Sie arbeiten: Für Ihre Work-Life-Balance ist es notwendig, dass Sie über Ihre Zeit weitgehend selbst bestimmen und sich nicht von den Jobvorgaben zu sehr vereinnahmen oder gar terrorisieren lassen. Gehen Sie immer wieder auf Distanz zu Ihrem Job und fragen Sie sich ernsthaft:

- Was mache ich mit meiner Zeit, mit meinem Leben?
- Wie bin ich gestartet, wo wollte ich hin, wo stehe ich jetzt – und stimmt die Richtung noch?
- Hat der Beruf eigentlich noch etwas mit dem zu tun, was ich mir ursprünglich für mein Leben vorgestellt

habe und was man früher mit dem heute altmodischen Wort »Berufung« bezeichnete?

- Habe ich das Gefühl, ich kann mich mit meiner Arbeit (wenigstens teilweise) selbst entfalten, selbst verwirklichen?
- Befriedigt mich die Arbeit wirklich, ist sie nur noch ein »Geldjob«, laufe ich gar nur noch wegen äußerer Abhängigkeiten wie eine Laborratte durchs Labyrinth des Berufslebens? Oder bin ich noch mit Leidenschaft dabei?
- Habe ich eigentlich noch eine Identität neben (und auch nach) meinem Beruf?
- Was hält mich eigentlich davon ab, was ganz anderes zu tun?

Es ist schon klar: Eine Arbeit zu verrichten, die gleichzeitig eine Leidenschaft ist, ist ein Privileg. Und sich diese Fragen stellen zu können ist auch ein Privileg. – Ich denke, es ist ein Privileg, das sich jeder leisten sollte.

Und auch diese Fragen sollte man sich stellen: Was bleibt eigentlich, wenn die Karriere endet? Ist dann nur noch Leere? Kommt dann der Rentenschock? Schließlich stellt sich für alle irgendwann die Frage nach dem Sinn.

Eine allgemeingültige Antwort wird es auf diese Fragen nicht geben – letzten Endes muss jeder für sich selbst entscheiden, womit er seine Zeit verbringen möchte.

Wie sagte doch Winston Churchill:

»Alles in allem kann man die Menschen in drei Klassen
einteilen:
solche, die sich zu Tode arbeiten,
solche, die sich zu Tode sorgen,
und solche, die sich zu Tode langweilen.«

Anmerkungen

1 Gross 2002, 6.Aufl., Gross 2003, 7. Aufl.

2 Siehe dazu die Tagungsbände: »Karrieren in der Krise – Die seelischen Kosten des beruflichen Aufstiegs«, »Karriere 2000« und »Karriere 2010«.

3 Nach Abele, A.: »Weibliche Berufskarrieren« in: Gross, W. (Hrsg.): Karriere(n) 2010, Bonn 2005

4 www.workfamily-institut.de, siehe Kongress 2006

5 »Frauen auf dem Sprung«, Brigitte-Studie 2008/2009 in Zusammenarbeit mit dem Wissenschaftszentrum Berlin für Sozialforschung und dem Sozialforschungsinstitut INFAS, Bonn

6 Mehr dazu siehe: Ostermann/Domsch: Dual Career Couples/ DCCs in: Gross, W. (Hrsg.): Karriere(n) 2010, Bonn 2005

7 Wendl, P. (2009): Gelingende Fern-Beziehung – Entfernt zusammen wachsen, Freiburg 2009

8 Ostermann/Domsch: Dual Career Couples/DCCs in: Gross, W. (Hrsg.): Karriere(n) 2010, Bonn 2005

9 Walther, K./Lukoschat, H.: Kinder und Karrieren: Die neuen Paare. Gütersloh 2008

10 Franz, M., Lieberz, K., Schmitz, N., Schepank, H.: »Wenn der Vater fehlt. Epidemiologische Befunde zur Bedeutung früher Abwesenheit des Vaters für die psychische Gesundheit im späteren Leben«, Zeitschrift für psychosomatische Medizin und Psychotherapie, 1999, Nr. 45, S. 260–278, Göttingen

11 Quelle: www.csrgermany.de

12 Quelle: Mittelstand und Familie http://www.mittelstand-und-familie.de/xi-490-0-0-869-0-de.html

13 Zitiert nach Meckel, M.: Das Glück der Unerreichbarkeit. Wege aus der Kommunikationsfalle. Hamburg 2007

14 Zum Beispiel Poppelreuter, S.: Arbeitssucht, Weinheim 1997
Poppelreuter, S., Wer arbeitet, sündigt nicht? in: Gross, W.: Karriere 2010 – Chancen, seelische Kosten und Risiken des beruflichen Aufstiegs im neuen Jahrtausend. Bonn 2005
Poppelreuter, S. in: Gross, W.: Karriere(n). in der Krise – Die seelischen Kosten des beruflichen Aufstiegs. Bonn 1997
Gross, W.: Arbeitssucht, in: Was ist das Süchtige an der Sucht? Geesthacht 1995, 2. Auflage

15 VDI-Nachrichten, Dezember 1996

16 Machlowitz, M.: Workaholism. Yale University 1976

17 Panse, W., Stegmann, W.: Kostenfaktor Angst. Landsberg/Lech 1988

18 Müller, R.: Arbeitsbedingte Gesundheitsgefahren und arbeitsbedingte Erkrankungen als Aufgaben des Arbeitsschutzes. Schriftenreihe Gesundheit – Arbeit – Medizin., Bremerhaven (2001): Wirtschaftsverlag NW

19 Schmidbauer, W.: Generation Angst. Freiburg 2005

20 Wirtschaftswoche, Februar 1993

21 Freudenberger, H.: Ausgebrannt. Die Krise der Erfolgreichen. München 1981

22 Nach Burisch, M.: Das Burnout-Syndrom. Berlin/Heidelberg/New York 1994, 2. Aufl.

23 Zitiert nach: Rothlin, P., Werder, P. R. : Diagnose Boreout. München 2007

24 Rothlin, P., Werder, P. R. : Diagnose Boreout. München 2007

25 Trigon Coaching-Befragung 2007

Literatur

Alex, C.: Der Auszeiter. Vom Management ins Leben – und zurück. Ein Selbstversuch. Berlin 2007

Badura, B., Schellschmidt, H. & Vetter, C. (Hrsg.).: Fehlzeiten Report 2003. Zahlen, Daten, Analysen aus allen Bereichen der Wirtschaft. Wettbewerbsfaktor Work-Life-Balance. Betriebliche Strategien zur Vereinbarkeit von Beruf, Familie und Privatleben. Heidelberg 2004

Bamberger, C.: Stress-Intelligenz. München 2007

Braig, A., Renz, U.: Die Kunst, weniger zu arbeiten. Frankfurt am Main 1997

Breitenstein, R.: Wenn Männer zu viel arbeiten – Rausch, Ritual, Ruin. München 1990

Burisch, M.: Das Burnout-Syndrom. Berlin, Heidelberg, New York 1994 (2. Auflage)

Butzko, H. G.: Successoholics – Karriere ohne Reue. Düsseldorf/ Regensburg 1997

Demmer, C. & Thurn, B.: Karriere-Tools für High-Potentials. Die Wahrheit über die Schlüsselqualifikationen für den Aufstieg. Frankfurt am Main 2001

Despeghel, M.: Lust auf Leistung. Das Trainingsbuch für den Job. München 2005

Dick, U.: Keine Angst vor Mobbingfallen. Mit schwierigen Situationen im Berufsleben umgehen. Frankfurt am Main 2001

Dill, A.: Die Erfolgsfalle. Erfahrungen mit Businessplänen, Erfolgsgurus und einem guten Leben. München 2006

Esser, A., Wolmerath, M.: Mobbing. Der Ratgeber für Betroffene und ihre Interessenvertretung. Frankfurt am Main 1998

Fassel, D.: Wir arbeiten uns noch zu Tode – Die vielen Gesichter der Arbeitssucht. München 1991

Fischer-Appelt, C., Schönpflug, T.: Family Business – Das Buch für Eltern, die nicht perfekt sein wollen. Heidelberg 2007

Friebe, H., Lobo, S.: Wir nennen es Arbeit. München 2006

Fromm, E.: Haben oder Sein. Stuttgart 1998

Gaschke, S.: Die Emanzipationsfalle. Erfolgreich, einsam, kinderlos. München 2005

Gesamtverband Suchtkrankenhilfe: »Arbeitssucht« (Broschüre). Nicol-Verlag, Kassel (o.J.).

Golemann, D.: Soziale Intelligenz. Wer auf andere zugehen kann, hat mehr vom Leben. München, 2006

Gross, W.: Karriere 2010 – Chancen, seelische Kosten und Risiken des beruflichen Aufstiegs im neuen Jahrtausend. Bonn 2005

Gross, W.: Sucht ohne Drogen, Frankfurt am Main 2003, 7. Auflage

Gross, W.: Hinter jeder Sucht ist eine Sehnsucht. Freiburg 2002, 6. Auflage

Gross, W.: Karriere 2000 – Hoffnungen – Chancen – Perspektiven – Probleme – Risiken. Bonn 1998

Gross, W.: Karriere(n) in der Krise – Die seelischen Kosten des beruflichen Aufstiegs. Bonn 1997

Gross, W.: Arbeitssucht, in: Was ist das Süchtige an der Sucht? Geesthacht 1995, 2. Auflage

Handy, Charles B.: Die Fortschrittsfalle. Der Zukunft neuen Sinn geben. München 1998

Hesse, J., Schrader, H.-C.: Die Neurosen der Chefs. Die seelischen Kosten der Karriere. Frankfurt am Main 1994

Hofstetter, H.: Die Leiden der Leitenden. Köln 1988

Hohensee, T.: Das Erfolgsbuch für Faule. Entdecken Sie, was Sie wirklich wollen und wie sie es ohne Stress erreichen. München 2002

Horx, M.: Wie wir leben werden. Frankfurt am Main 2005

Horx, M.: Future Fitness. Wie Sie ihre Zukunftskompetenzen erhöhen. Ein Handbuch für Entscheider. Frankfurt am Main 2003

Hübner, T.: Die Kunst der Auszeit – Vom Powernapping bis zum Sabbatical. Zürich 2006

Kirschner, J.: Zuerst ich, dann die anderen. Die Egoisten-Bibel. Anleitung fürs Leben. München 1999

Kosak, G.: Patchwork-Leben und Karriereplan. Lebensgestaltung in mobilen Zeiten. Bern, Stuttgart, Wien 2000

Leif, T.: Beraten & Verkauft – McKinsey & Co – der große Bluff der Unternehmensberater. München 2006

Leymann, H.: Mobbing. Psychoterror am Arbeitsplatz und wie man sich dagegen wehren kann. Hamburg 1993

Machiavelli, N.: Der Fürst. Frankfurt am Main 1990

Machlowitz, M.: Workaholism. Yale University 1976

Mainiero, L. A.: Liebe im Büro. Flirts, Intrigen und Karrieren am Arbeitsplatz. Stuttgart 1991

Malik, F.: Führen – Leisten – Leben. Wirksames Management für eine neue Zeit. Stuttgart, München 2000

Maslach, C., Leiter, P.: Die Wahrheit über Burnout. Wien 2001

Mentzel, G.: Über die Arbeitssucht, in: Zeitschrift für psychosomatische Medizin und Psychoanalyse, 25/1979.

Münchhausen, M. von: Auszeit. Inspirierende Geschichten für Vielbeschäftigte. Frankfurt am Main 2007

Neu, H.: Weniger arbeiten, mehr leben. Frankfurt am Main 2003

Nollauf, N.: Go! – Endlich neue Wege gehen. München 2007

Ogger, G.: Die Abgestellten – Ein Nachruf auf den festen Arbeitsplatz. München 2007

Orthaus, J., Knaak, A., Sanders, K.: Schöner schuften – Wege aus der Arbeitssucht. Köln 1993

Panse, W., Stegmann, W.: Kostenfaktor Angst. Landsberg/Lech 1998

Pickshaus, K., Schmitthenner, H., Urban, H.-J. (Hrsg.).: Arbeiten ohne Ende. Neue Arbeitsverhältnisse und gewerkschaftliche Arbeitspolitik. Hamburg 2001

Pines, A. M., Aronson, E., Kafry, D.: Ausgebrannt. Stuttgart 1990

Plogstedt, S., Degen, B.: Nein heißt nein! DGB-Ratgeber gegen sexuelle Belästigung am Arbeitsplatz. München 1992

Pohl, E.: Sabbatical – So gewinnen alle!. München 2008

Poppelreuter, S., Gross, W. (Hrsg.): Nicht nur Drogen machen süchtig, Weinheim 2000

Poppelreuter, S.: Arbeitssucht. Weinheim 1997

Psychologie Heute: Arbeit – Die seelischen Kosten. Weinheim 1982

Püttjer & Schnierda: Zeigen Sie, was sie können. Mehr Erfolg durch geschicktes Selbstmarketing. Frankfurt am Main 2003

Rauen, C. (Hrsg.): Handbuch Coaching. Göttingen 2000

Rauen, C.: Coaching. Göttingen 1999

Reheis, F.: Entschleunigung. Der Abschied vom Turbokapitalismus. München 2003

Richter, A.: Aussteigen auf Zeit. Das Sabbatical-Handbuch. Köln 1999

Rifkin J.: Das Ende der Arbeit und ihre Zukunft. Neue Konzepte für das 21. Jahrhundert. Frankfurt am Main 2004

Rothkopf, D.: Die Super-Klasse – Die Welt der internationalen Machtelite. München 2008

Rothlin, P., Werder, P. R. : Diagnose Boreout. München 2007

Rubin, H.: Soloing. Die Macht des Glaubens an sich selbst. Frankfurt am Main 2003

Runge, A.: Angst am Arbeitsplatz. Umgang mit einem alltäglichen Gefühl. Zürich 1990

Sachsenmeier, I. (Hrsg.): Die Coaching-Praxis, Weinheim und Basel 2009

Schäfer, G.: Kleine Philosophie des Erfolges. Stuttgart 2005

Schrenk, J.: Die Kunst der Selbstausbeutung – Wie wir vor lauter Arbeit unser Leben verpassen. Köln 2007

Sebrich, A.: Nichts gesucht, viel gefunden: Von der Medienfrau zur Herbergsmutter. Freiburg 2008

Stark, M., Sandmeyer, P.: Wenn die Seele S.O.S. funkt. Fitnesskur gegen Stress und Überlastung. Hamburg 1990

Stiftung Warentest: Karriere. Sonderheft. Dezember 2008

Stork, E.: Tatort Büro. Gegen die Zurichtung des Menschen im Büro. Weinheim und Basel 2004

Verband berufstätiger Mütter e.V. (VBM): Das VBM-Dschungelbuch – Leitfaden für berufstätige Mütter und solche, die es (noch) werden wollen. Köln 2009, 7. Auflage

Vollmer, H.: Ich fühle mich fix und fertig. Das Burnout-Syndrom. Wien 1996

Walther, K., Lukoschat, H.: Kinder und Karrieren: Die neuen Paare. Güterloh 2008

Wehrle, M.: Karriereberatung. Menschen wirksam im Beruf unterstützen. Weinheim und Basel 2007

Wiswede, G.: Einführung in die Wirtschaftspsychologie. München 2000

Wyrwa, H.: Mobbt die Mobber! Survival-Guide für Mobbing-Opfer. Stuttgart 2003

Zittlau, J.: Ghandi für Manager. Der andere Weg zum Erfolg. Frankfurt am Main 2003

Noch ein kleiner Tipp

Im Internet gibt es eine Vielzahl von Portalen, die sich mit dem Thema Karriere und Wirtschaft beschäftigen. Darunter Job-Börsen, Karriereberater, Coaches und Supervisoren. Hier eine kleine Auswahl (ohne Anspruch auf Vollständigkeit) der wichtigsten Portale:

www.monster.de
www.stepstone.de
www.jobpilot.de
www.neon-magazin.de
www.karriere.de/jobfinder
www.stern.de/campus-karriere
www.hochschulanzeiger.de
www.jobboerse.de

Fragen, Kritik, Anregungen

Dipl. Psych. Werner Gross
Psychologisches Forum Offenbach (PFO)
Bismarckstraße 98
63065 Offenbach/Main

Tel. 069/82 36 96 36
Fax: 069/82 36 96 37
Email: pfo-mail@t-online.de
Internet: www.pfo-online.de